儿童拖延心理学

燕子 | 著

四川科学技术出版社

图书在版编目（ＣＩＰ）数据

儿童拖延心理学 / 燕子著. -- 成都：四川科学技术出版社，2018.3（2025.10重印）

ISBN 978-7-5364-8977-6

Ⅰ.①儿…　Ⅱ.①燕…　Ⅲ.①儿童心理学　Ⅳ.①B844.1

中国版本图书馆CIP数据核字(2018)第045642号

儿童拖延心理学

ERTONG TUOYAN XINLIXUE

著　者　燕　子

出 品 人　程佳月
责任编辑　何晓霞
封面设计　胡椒书衣
责任出版　石永革
出版发行　四川科学技术出版社
　　　　　成都市锦江区三色路238号　邮政编码：610023
　　　　　官方微信公众号：sckjcbs
　　　　　传真：028-86361756
成品尺寸　170mm×240mm
印　　张　14　字数　153千
印　　刷　水印书香（唐山）印刷有限公司
版　　次　2018年4月第1版
印　　次　2025年10月第8次印刷
定　　价　42.00元

ISBN 978-7-5364-8977-6

邮购：成都市锦江区三色路238号新华之星A座25层　邮政编码：610023
电话：028-86361758

拿什么拯救你，我的"拖拉斯基"

　　每一个做事情磨磨蹭蹭、拖拖拉拉的孩子，都会让父母感到头疼。如果父母本身也是慢性子还好，如果父母是风风火火、急性子的人，那么，看到孩子做事慢慢吞吞的，总是会不可抑制地心急如焚，火冒三丈。有的父母被孩子的拖延问题弄得很无奈，还会抱怨道："我怎么会生了这么个'小蜗牛'呢?!"的确，面对有拖延症的孩子，父母的着急苦闷是很难用语言形容的，也许只有亲身经历过的父母，才能体会到个中滋味吧!

当父母耐住性子问孩子："你为什么这么磨蹭呢？"孩子一定会瞪着无辜的大眼睛，反问道："我哪里磨蹭了？"这也难怪，因为他们的拖延是无意识发生的呀！孩子正处于人生之中身心快速发展的阶段，也许他们对于拖延的理解还不够深刻，甚至有些年幼的孩子根本不知道"拖延"是什么意思。这样一来，拖延似乎成了孩子理所当然的特权，这就让父母更加抓狂了。

在现实生活中，很多与孩子亲密接触的成人都企图改变孩子的拖延情况，或者帮助孩子彻底戒除拖延。然而，他们中的许多人即使使出十八般武艺，威逼利诱、软硬兼施，依然没有效果。这是因为他们根本就不了解拖延产生的原因，也不明白孩子的心理特征，他们就像没头苍蝇一样，毫无方向。这样一来，对孩子的"改造"行为怎么会成功呢？

实际上，孩子产生拖延行为的原因千奇百怪，或者是天生性格的原因导致的，或者是后天的做事习惯导致的，或者是受到身边人的影响，也有一部分孩子仅仅是遇到了成长的困境，不知道如何才能有效、正确地做事。当然，也不乏有些孩子的拖延行为是蓄意性行为，这是因为渐渐长大的他们已经学会了和父母斗智斗勇。对此，父母啼笑皆非，不知道是该庆幸他们聪明，还是要批评他们没有把心思用在学习上。

细心的父母会发现，孩子自身也经常因为拖延的问题变得十分焦虑，甚至在遭到他人的批评或嫌弃后，会对自己失去信心。尤其是在学习中，有拖延症的孩子总是效率低下，这也使得他们的自信心严重受挫。那么，父母到底如何做才能有效地介入孩子的拖延问题，帮助孩子战胜拖延症呢？当然是先要了解拖延背后的心理原因，明白孩子的拖延行为是一种正常的现象，然后按照"七步戒拖法"，循序渐进地帮助孩子摆脱拖延症，培养出一个勤快、自觉又高效的孩子。

有的父母翻开这本书时可能会感到心虚，因为他们本身就是严重的拖延症患者，也知道孩子习惯拖延的一部分原因在自己。那么，患有拖延症的父母去拯救患有拖延症的孩子，似乎难上加难。但困难总是有办法战胜的，本书就讲到了这个问题，父母们不妨从这本书中反观自己，与孩子成为并肩同行的战友，一起戒除拖延症。

当然，"拖延"并不是一个容易战胜的敌人，即使现在战胜了"拖延"，也不知道什么时候它还会东山再起，再次试图改变我们的人生轨迹。作为父母一定要做好长期奋战的准备，让拖延症彻底消失，一去不复返！

目录
contents

第一章　我家有个小"拖拉斯基"

　　很多孩子除了喜欢玩耍之外，似乎还喜欢做事拖延。然而，生活节奏越来越快，尤其是对于很多全职工作的父母而言，每天的生活都像是在打仗一样紧张激烈。那么面对家里的小"拖拉斯基"，他们几乎无时无刻不在希望：如果孩子不拖延，做事能够雷厉风行，那该多好。可惜，孩子不是军营里的士兵，也不是可以随意指挥的遥控机器人。孩子就是孩子，时常不听话，时而发发小脾气，而且还总是拖拖拉拉，恨不得把事情拖到不需要做为止。作为父母不仅要控制好自己的情绪，理智面对患有拖延症的孩子，还要开动脑筋，与他们斗智斗勇，最终才能解决问题。

喜欢赖床，生活作息没规律

对于特特妈妈而言，早晨喊特特起床上学是一天之中最犯愁的时刻。妈妈每叫一次，特特就在床上翻滚一次，从床的这边滚到床的那边，就算妈妈把他拉着坐起来，他也会身子向侧面一倒，躺下继续睡。渐渐地，妈妈失去了耐心，开始大吼大叫，然而特特用被子蒙着脑袋继续睡，就是不愿意起床。有几次，其实特特已经醒了，但是依然赖床，使得妈妈又急又恼，恨不得掀开被子把他揪出来。

很多时候特特被妈妈强迫着起床了，可是刷牙时居然还闭着眼睛。妈妈看着这个如同鼻涕虫一样软绵绵、困倦不已的孩子，最终只能没了脾气。见特特上学总是迟到，妈妈只好私下和老师说了特特的情况，让老师在发现特特迟到之后狠狠地批评他，希望通过这个方法可以改掉特特赖床的坏习惯。

之后，特特接连两次迟到，都被老师严厉地批评了，特特觉得很苦恼，回家之后告诉妈妈："妈妈，明天早晨提前半个小时叫我，我就不信明天我不能准时到校。"妈妈心中窃喜，以为自此就能解决特特的拖延问题。谁知次日叫特特起床时，他依然困倦得不想睁开眼睛，赖在床上。妈妈只好提醒特特："特特，你知道迟到的后果是什么吗？"特特当然知道，昨天他才刚刚因为迟到被老师教育，还被全班同学嘲笑呢！他只得用双手扒开自己的眼皮，然后强迫自己的身体离开温暖舒适的被窝，朝着洗漱间走去。虽然早起了半个小时，但是因为做事效率低下，拖延成性，特特依然在上课铃响的前一分钟才赶到学校。

没过多久，特特就故技重演，继续上演迟到的戏码。无奈之下老师找到妈妈说明了情况："特特妈妈，你家特特都成了全校闻名的'拖拉大王'了；而且因为他总是迟到，也影响了班级的纪律评比，其他孩子意见很大啊。"妈妈哭笑不得："每天早晨我喊好多遍特特也不起床，就算他勉强起床了，也是拖拖拉拉，不紧不慢，根本没有效率可言。我真的无计可施了……"老师提醒妈妈："晚上让他早点儿睡觉呢？只要保证他睡眠充足，相信他就不会赖床了。"

老师一语惊醒梦中人，妈妈想到爸爸每天下班回到家都很晚，影响了特特的休息。所以在接下来的日子里，妈妈总是赶在爸爸下班之前，至少提前半个小时给特特熄灯，让他按时睡觉。果不其然，当睡眠充足了，特特起床也就容易多了，甚至有的时候还会主动起床呢！看到特特的改变，妈妈高兴极了。

孩子并非都喜欢睡懒觉，也不是天生就喜欢赖床。其实大部分孩子都喜欢早早起床，然后尽情玩耍。孩子的赖床行为，尤其是像事例中的特特那样，哪怕妈妈叫了三四遍，也依然赖在床上不愿意起床，实际上并不是因为孩子懒惰，而是因为他们的睡眠不充足。很多父母只要求孩子几点起床，却完全没有意识到孩子需要早点儿上床睡觉。

和吃饭、洗澡、上学等其他的日常活动一样，孩子睡觉也需要有固定的时间、一致的惯例，而养成这个习惯的前提就是要有舒适的环境。如今，随着生活节奏的加快，每个成人都越来越忙碌，有的父母晚上甚至很晚才回家，无法按时给孩子一个安静的睡眠环境，甚至会使孩子在该睡觉的时间反而兴奋起来，这自然导致了孩子休息不好。休息不好第二天就不想起床，因此父母应该根据自身的工作节奏和作息规律进行适当的调整，这样才能不影响孩子的正常作息时间。

很多父母都特别关注孩子的饮食问题，觉得孩子唯有吃得好，摄入充分的营养，才能保证身体健康成长。实际上，孩子的成长不仅仅取决于良好的饮食，充分的休息也是至关重要的。所以，作为父母不要再一味地抱怨孩子总是赖床，而要首先从自身出发，理智思考，满足孩子的基本睡眠需要，才能让孩子在起床的时候不磨蹭、不拖延。

作业总是拖到最后一刻才写

　　萌萌每天写家庭作业时，妈妈都要坐在旁边看着她，因为萌萌是个做事喜欢拖拖拉拉的小姑娘，总是拖到最后一刻才开始写作业。

　　实际上，萌萌最初并不是这样的。刚开始读一年级时，虽然她写作业的速度比较慢，但是还能独立自主地完成作业。自从萌萌上了三年级，妈妈就辞掉了工作，每天除了接送萌萌上学、放学，在各种补习班之间奔波之外，还要看着萌萌写作业。一开始，妈妈总是陪在萌萌身边，时不时地给她倒水、送水果，后来看到萌萌写作业的时候总是三心二意，妈妈就坐在她的身边，开始不停地催促和指导。

　　有的时候萌萌主动把作业写完了，妈妈还会反复检查，直到作业中没有错误为止，然后又给她布置额外的作业。这样一来，渐渐地萌萌写作业越来越慢。每天放学回到家里，她不是要求休息一会儿，就是喊肚子饿了。终于她开始写作业了，然而不到半个小时，又要吃晚饭了，如此导致每天不管作业多还是少，萌萌完成作业时都已经很晚了。有的时候她甚至困倦得没有精力洗漱，就睡着了。

看到萌萌这种情况妈妈很着急，于是在班级群里问其他父母，他们的孩子每天大概几点完成作业。几经调查，发现大多数孩子早早就能完成作业，晚上还有时间看课外书呢！妈妈很苦恼，不明白萌萌为何越长越大，写作业却越来越拖延，而且越来越不懂事呢？

很多孩子都存在写作业经常拖延的情况。有的孩子虽然放学很早，但是回家之后吃吃喝喝，或者看会儿课外书、看会儿电视，如此一来，时间不知不觉地就溜走了。还有的孩子在写作业的过程中也会磨蹭和拖延，导致完成作业非常被动。日久天长，孩子拖延的坏习惯也就越来越严重，而且随着年级不断升高，孩子的作业越来越多，他们在学习上也必然越发被动。由此可见，拖延写作业绝不是简单的问题，对于孩子的学习也有很大的负面影响，因而父母必须重视起来，找到问题的根源从而解决问题。

第一，很多孩子之所以写作业拖延，其原因是很隐蔽的。有些父母看到孩子作业完成得早，就找各种理由继续给孩子布置作业。殊不知孩子不是写作业的机器，孩子应该有充足的休息时间。所以父母要摆正心态，不要看到孩子写完作业在玩，就提出额外的要求，或者给孩子布置更多的作业。否则，孩子只能以拖延的方式让自己完成作业的时间晚一些，好让父母没有机会布置额外的作业。尤其是对于小学中高年级的孩子而言，他们智力水平更高，很容易想出这种消极怠工的方式与父母的不合理安排相对抗。

第二，父母要帮助孩子养成良好的学习习惯，让孩子意识到学习是自己的事情，从而积极主动地学习。很多父母习惯于看着孩子写作业，想以这样的方式提高孩子写作业的速度和质量，这实际上是行不通的。归根结底，父母不可能一辈子看着孩子。所谓"授人以鱼，不如授之以渔"，明智的父母哪怕让孩子吃些苦头，也会让他们学会自主完成作业。唯有如此，孩子才能掌握学习的方式方法，养成自主学习的好习惯，从而让一切更加得心应手，这才是长久之计。

当孩子习惯于被父母看着写作业，他们的自制力会越来越差。一旦失去父母的约束就会无所适从，变得更加拖延，导致学习效率低下。从心理学角度而言，唯有发自内心的内驱力，才会促使孩子在学习的路上砥砺前行。父母虽然在帮助孩子养成良好学习习惯、激发孩子学习兴趣的过程中要付出很多，但是却能够一劳永逸，给孩子带来长久的利益。

吃饭时不专心，喜欢边吃边玩

已经读幼儿园大班的欢欢，最近有一个坏习惯，那就是每天早晨上幼儿园之前要看一会儿电视，这导致他几乎每天都是最后一个到幼儿园的。原来最近爸爸妈妈上班时间比较早，所以暂时由奶奶照顾欢欢吃早饭，送欢欢去幼儿园。奶奶一开始还坚决制止孙子早晨看动画片，但是欢欢很机灵，告诉奶奶自己可以边看动画片边吃饭，这样就不会耽误时间。看到孙子这么想看动画片，奶奶一时心软就答应了。

起初，欢欢的确能够边看动画片边抓紧时间吃饭，但是渐渐地，他为了能多看一会儿电视，吃饭越来越磨蹭。在接连迟到几次之后，幼儿园老师打电话给妈妈询问情况，妈妈特意请了半天假，要亲自送欢欢去幼儿园。和往常一样，欢欢又打开电视，调到动漫频道。妈妈很生气："欢欢，早晨上学之前能看动画片吗？"欢欢当即告诉妈妈："奶奶同意的。"奶奶看到妈妈在家，又看到欢欢磨蹭的样子，也很紧张，赶紧解释："欢欢说边看动画片边吃饭，不耽误上学。"妈妈向奶奶解释道：
"妈，欢欢马上就要上小学了，这个坏习惯一旦养成，就不好改了，会
影响他的健康成长。"

说完，妈妈又转向欢欢，温和而又认真地对欢欢说："欢欢，吃饭的
时候看电视影响胃肠消化，对身体不好，严重的时候要打针、吃药甚至
输液，欢欢就不能和小朋友们一起愉快地玩耍了。以后吃饭的时候不看
电视，早点儿吃完去学校，和小朋友一起玩耍，努力让身体棒棒的，比
爸爸更有力气。"

在这个事例中，欢欢原本吃饭不磨蹭，就是为了看电视，所以才
越来越慢。妈妈说得很有道理，吃饭看电视不但影响孩子的消化功能，
而且会使孩子养成拖延的坏习惯，影响一天的学习，所以父母要给孩子

定好规矩。有些父母自己吃饭的时候就喜欢看手机或者看电视，耳濡目染地给孩子造成了不好的影响。作为父母不但要坚持原则，更要以身作则，才能帮助孩子养成好习惯。

在吃饭的时候除了喜欢看电视之外，还有些孩子有很多小动作：时而摇头晃脑，时而跑到旁边玩一会儿，导致吃饭的速度很慢，饭菜都凉了他们也没吃完。对于这种情况父母总是非常心急，很多家长会端起碗来四处追着孩子喂。殊不知当孩子从小习惯了这样吃饭的方式，就会更加不爱吃饭，影响身体的正常发育。明智的父母不会因为孩子一顿饭不吃就着急，更不会追着喂，而是让孩子就这样饿一顿，从而形成意识：如果在吃饭的时间不好好吃饭，就会挨饿。这样孩子饿过一次，下一顿饭就会主动吃了。

要知道，再小的孩子也能够分辨自己是饿是饱，父母要让孩子学会主动进食，这样孩子才不会觉得吃饭是一种负担。孩子一旦有了主动进食的热情，必然会专心吃饭的。

总之，父母在为孩子吃饭拖延而焦虑的同时，要用心发现孩子拖延的原因，找到并运用正确的方法，引导孩子养成积极、主动、认真吃饭的好习惯。

孩子晚上不想洗漱怎么办

　　每天晚上九点半，依依家里照例要上演一出戏——妈妈先是柔声细语提醒依依该洗漱了，五分钟之后依依仍然毫无动静，伏在凌乱不堪的书桌上看课外书。虽然爱看课外书是个好习惯，但是依依总是到了该洗漱的时候依然看课外书，妈妈当然会抓狂了。

　　十分钟之后，眼看着距离上床睡觉还有二十分钟，妈妈不由得提高声调，并且命令依依："限你三分钟之内把书桌收拾好，不然所有东西一律没收。"当然，妈妈只是在吓唬依依，依依也知道，所以她收拾东西时依然慢慢吞吞的。又过去十分钟，妈妈开始吼道："依依，你已经读三年级了，是个大姑娘了，所以妈妈不好直接批评和训斥你，给你留着面子呢！"妈妈这番话一出口，依依也失去了耐心，喊道："知道啦！知道啦！知道啦！"她的语气里满是不耐烦。妈妈也很着急，说："你要是不想让别人催促，就动作快一点儿。你这样拖拖拉拉的，妈妈要是不催你，晚上十二点你也上不了床。"

依依一声不吭，赌气地把东西收拾好，十点才进入洗漱间。但是不到十分钟，她就洗完澡、刷完牙出来了。妈妈不由得更生气了："刷牙就要五分钟，你是怎么洗澡的？还是你刷牙时又在敷衍了事？看看你的牙齿那么黄，你要是不想去医院洗牙就赶紧重刷去！"

依依满脸的不情愿，用力关上洗漱间的门，在里面磨磨蹭蹭。妈妈有些无奈，心里也很生气。每天晚上来这么一出，她觉得自己真是心力交瘁。

孩子为什么不愿意洗漱呢？毫无疑问，又是拖延症在作怪。洗漱对于孩子而言是非常枯燥乏味的事情，根本不能吸引孩子的注意力。在孩子小的时候，父母可以在澡盆里放一些有趣的玩具，让孩子喜欢上洗澡，但是等到孩子长大后，玩具渐渐对他们失去了吸引力，这个时候孩子的兴趣又被其他的东西吸引，诸如有的孩子喜欢看书，有的喜欢看电视等。如此一来他们就会排斥洗漱，故意拖延时间，好有更多的时间做自己喜欢的事情。

在这种情况下，父母应该在与孩子商量、取得孩子同意的前提下，明确制订合理的作息时间表。诸如在完成作业的情况下，可以看多长时间的电视或者课外书，而在规定的时间内，父母不要打扰他们，但是洗漱时间到了之后，他们就要马上去洗漱。为了帮孩子改正坏习惯，父母还可以与孩子商量，在孩子拖延的情况下减少第二天看电视或者看课外书的时间，这样一来，孩子受到小小的惩罚，也感受到父母言出必行，自然不会再故意拖延了。

有的时候父母也要有意识地控制自己，给孩子留出更多的时间，让他们主动自觉地去缓冲。当孩子第一次做好准备主动去洗漱时，父母要大力表扬，激发孩子的表现欲，使孩子以后表现得更好。不可否认，建立良好的习惯需要漫长的过程，如果父母总是一味催促，必然导致孩子更加磨蹭和拖拉。因为他们知道不管自己做得好不好，都会遭到父母的否定，积极性就会受到打击，他们就更不愿意主动表现了。

成人都喜欢听到赞美的话，更何况孩子呢？所以对待孩子父母一定要不吝啬赞美，让孩子更加乐于主动表现，这不仅对于改善孩子在洗漱方面的拖延有很好的效果，对于其他方面也会有很大的激励和促进作用。

浪费时间，没有守时观念

周六，爷爷奶奶都不在家，皮皮和妈妈一起去单位加班。因为是临时加班，妈妈单位的很多同事都把孩子带过来了。正是因为这样，皮皮认识了外籍员工亨特的女儿——朱莉。朱莉和皮皮同岁，会一些简单的中文，所以他们在一起玩得不亦乐乎。朱莉还邀请皮皮周日上午十点去她家里做客呢！

下午回家之后，皮皮兴奋地把要去朱莉家做客的事情告诉妈妈，妈妈当然也愿意皮皮有更多的朋友，当即答应第二天早点儿起床和他一起准备去朱莉家做客的礼物。不过，妈妈也提醒皮皮："外国人非常注重时间观念，你既然和朱莉约定十点到达就一定不要迟到。"

第二天早晨，皮皮虽然起得不算晚，但是他一直在为自己挑选合适的衣服，还想带一个小玩具送给朱莉，直到九点半还没准备好。妈妈不得不再次提醒皮皮："如果现在出门，我们还能在十点前到达。如果现在不出门，那就赶不上了。"皮皮不以为意："哎呀妈妈，我们是去朱莉家里，又不是去其他地方，难道晚十分钟，朱莉会把我拒之门外吗？"妈妈暗想："我不能再提醒你了，如果被拒之门外，对你恰好是个教训。"直到九点四十五分，皮皮才带着妈妈为他准备的蜂蜜烤翅和妈妈一起出门。

到达朱莉家门口时，妈妈特意看了下时间，手机显示是十点二十分。妈妈让皮皮自己按响门铃，并且告诉他："我会在楼下等你二十分钟，看不到你的话，我就离开了；如果你进不了门，那么就赶紧下来和我一起回家。"皮皮不以为意地点点头。

妈妈离开后，皮皮按响门铃，朱莉打开门看到是皮皮，她的态度有些冷淡："我们约定的是上午十点，但是现在已经十点二十二分了。我认为咱们应该再约时间，我妈妈早晨很早就起床为我们准备比萨、蛋挞，现在她很累了，而且她中午需要休息。"看到朱莉真的拒绝自己进门，皮皮觉得很尴尬。他递上妈妈为他准备的礼物——烤鸡翅，朱莉也拒绝了："因为你的迟到，所以我们这次约会取消了，我也不能要你的礼物。下次约会希望你不要再迟到了。"

皮皮尴尬地下楼，找到妈妈。看着皮皮羞愧得满脸通红的样子，妈妈知道他已经得到深刻的教训了。

随着社会的不断发展，人们的时间观念越来越强，守时越来越成为社交礼仪的重要部分。守时作为礼貌、尊重、诚信的表现，不仅是成人待人接物应遵守的原则，也是孩子应该从小就养成的好习惯。

在这个事例中，皮皮在对约会时间不以为意而迟到遭遇闭门羹之后，会更深刻地意识到守时的重要性，明白不迟到不仅是学校对学生的要求，更是人际交往中的重要一环。以后再与他人打交道时，相信皮皮一定不会再对时间那么随意。

守时不仅能表达我们珍惜时间和生命之心，也能够表达我们对他人的尊重之情，并且能够帮助我们赢得他人的尊重。作为父母一定要从孩子小时候就开始培养他们守时的观念和习惯。很多孩子都有不守时的坏习惯，很多父母觉得孩子有没有时间观念无所谓，这无疑是有因果关系的。事例中皮皮妈妈的做法就是可圈可点的，在提醒皮皮两次之后故意不再提醒，从而让皮皮切实感受到守时的重要性。

很多时候父母哪怕说得再多，也不及让孩子真正得到教训的效果好。对不守时的孩子，聪明的父母不会一味地在事到临头的时候催促他们，而是会在告诉他们道理之后，让他们主动守时；如果不能主动守时，引起他人的不满，也要让他们自己承担后果。这样，他们才能真正接受教训，从而发自内心地重视时间、遵守时间。

沉迷游戏和电子产品不能自拔

如今，越来越多的孩子沉迷于网络游戏和电子产品之中不能自拔，娜娜就是这样的情况。

虽然已经是六年级的学生了，娜娜却特别喜欢玩网络游戏，恨不得每天放学都可以不用写作业，只玩游戏。

然而，她正在准备小升初考试，怎么可能如此轻松悠然呢？妈妈每天都对娜娜盯得很紧，她的心愿和娜娜恰恰相反，她恨不得娜娜把所有时间都用于学习，片刻也不耽误。但是考虑到娜娜学习的确很累，需要放松，所以她规定娜娜每天在作业完成的情况下，可以玩十五分钟手机或者是二十分钟电脑。娜娜毫不犹豫地选择了玩二十分钟电脑。可惜孩子的自制力总是很差，尽管妈妈对娜娜很体谅，但是娜娜一玩起游戏来，根本不愿意停下来。

放学之后，娜娜写完作业，吃了晚饭，就开始玩游戏。她玩了二十分钟后，却没有主动结束。妈妈催促她，她不停地说着"马上，马上"，屁股却依然坐在椅子上纹丝不动。五分钟之后妈妈又来提醒她，她还是无动于衷，直到妈妈下了最后通牒："如果下次不能主动结束游戏，那么平时就算你完成了作业也不能玩游戏，只有周六周日才能玩一会儿。"听到妈妈这么说，娜娜马上关掉电脑。

大多数孩子对于手机游戏或者网络游戏都没有抵抗力和自制力，这也难怪，哪怕是成人也会通过玩游戏来排遣压力，更何况孩子爱玩游戏是天性使然，和写作业比起来当然是玩游戏更轻松惬意。适度玩游戏有助于孩子在紧张的学习之余放松心情，家长不应过分禁止，但是如果沉迷于游戏，则会严重影响孩子的生活和学习，甚至使孩子误入歧途，荒废自己的人生。所以父母虽然要理解孩子，但是不能纵容孩子，当发现孩子不能理智对待游戏时，父母一定要注意，更要以合适的方式引导孩子控制对游戏的喜爱，可以利用其他的事情分散孩子的注意力，改变孩子一玩起游戏就拖拖拉拉不愿意停止的局面。

有的家长为了阻止孩子沉迷游戏，在好言规劝无效的情况下，一怒之下拔掉网线，甚至砸手机、砸电脑，以致与孩子发生激烈冲突，一发而不可收拾。很显然，这种简单粗暴的方式不但没有制止效果，反而会造成更加恶劣的后果。幸好事例中娜娜的妈妈控制住了自己的情绪，即使生气也还是采用了温和的语言教育娜娜——必须控制好玩游戏的时间，才能继续享受这种待遇。

通常情况下喜欢玩游戏的孩子大多数年龄都不是很小了，所以父母完全可以和他们理智沟通。为了帮助孩子更好地自控，父母要告诉孩子，唯有管理好自己，才能享受在一定时间里玩游戏的自由。相信孩子能够听懂父母的话，也能够理解父母的苦心，从而更好地控制自己，让自己享受有约束的自由。

第二章　探寻儿童拖延行为背后的心理因素

　　从严格意义上来说，拖延行为并非心理学或者医学范畴，但是严重的拖延行为却会折射出人们深层次的心理问题。孩子正处于身心快速发展的阶段，他们的每一个行为背后都隐藏着心理原因。父母一定要意识到，唯有追寻问题的根源，找到真正的原因所在，才能真正解决问题。当孩子表现出选择性拖延行为时，父母首先要学会读懂孩子，才能有的放矢地帮助他们戒除拖延症。

趋利避害是孩子的本能

小宇是个贪玩的男孩子，虽然已经四年级了，但是拖延的表现非常严重。他不仅写作业拖延，而且理发、洗澡也拖延。有的时候到了暑假，爸爸妈妈送他去老家和爷爷奶奶生活一段时间，他就像是解放了一样，根本不愿意回家。

这个暑假，小宇想念奶奶了，央求妈妈把他送到老家去。妈妈工作忙，抽不出时间，他就迫不及待地让妈妈给他买票，因为他想自己坐火车回老家，到了车站之后，让大伯去接他。妈妈思来想去还是不放心，只好请假把小宇送回老家。

眼看还有十几天就要开学了，小宇已经在老家玩了一个多月，爸爸妈妈由于工作太忙，只好打电话劳烦大伯送小宇回来，妈妈到时候会去车站等着他们。不想几天过去了，妈妈没有接到大伯的任何消息，打电话问大伯，大伯告诉妈妈："小宇不想回去啊，还说愿意留在老家上学呢。"妈妈很着急："眼看着就要开学了，赶紧让他回来收收心，五年级课业很重，学习很紧张呢！"妈妈让小宇接电话："小宇，马上要开学了，快点儿回家吧，妈妈还给你买了新书包呢！"小宇说："妈妈，离开学还有十天呢，您就让我再玩几天吧。回家之后您和爸爸都上班，我又要一个人留在家里，多无聊啊。要不您让我在老家上学吧，我保证认真学习。"

就这样，小宇又在老家住了三天，妈妈又打电话催促，小宇居然说要等到开学前两天再回家。妈妈实在不能等了，只好请假回老家亲自"押解"小宇回家。

回到家里独自等着迎接开学，自然没有留在奶奶家里有趣，所以已经无拘无束、自由自在了一个多月的小宇再也不想回家了，因此一而再再而三地拖延回家的日子。其实小宇妈妈大可不必过于着急，因为这完全是正常现象。人们总是热衷于自己感兴趣的、擅长的事情，而对于自己不感兴趣的、不擅长的事情发自内心地想要逃避，这就是趋利避害的本能。成人如此，孩子更是如此。

与成人相比，孩子更加感性，缺乏理性和自制力，对于利害关系的把握没有那么明确和透彻，更多的是遵循天性。所以对于自己喜欢做的事情，孩子一定会主动去做，而且乐此不疲。对于自己不感兴趣的事情，他们难免会畏缩，甚至产生排斥和抗拒的心理，根本不愿意去做。又因为孩子本身比较弱小，无法采取有效的办法实现逃避，所以无奈的他们更多地采取拖延的办法，尽量延迟事情的到来。

推而广之，面对自己有可能获得成功和有极大可能遭遇失败的事情，孩子会选择去做哪一件呢？除了年幼的孩子没有成功与失败的概念，也不懂得区分之外，大多数孩子都会选择前者，他们不愿意遭受失败的痛苦和挫折。不得不说，趋利避害常常影响孩子，使得孩子不知不觉就陷入拖延之中。

父母要想消除孩子的抗拒心理，让孩子不再拖延，不能只是一味地强制孩子变得雷厉风行。如果父母能够尊重孩子，在做任何决定之前都征求孩子的意见，给孩子机会发表自己的观点，那么孩子就有积极的渠道表达自己的所思所想。在这种情况下，明智的父母再表示对孩子的理解和体谅，孩子自然不会再以拖延的方式消极抵抗了。

选择性拖延症背后的抗拒心理

每次周末在家，娅娅的表现都让妈妈抓狂。原来，娅娅对于妈妈给她规定的玩半个小时电脑游戏和看半个小时电视的周末活动，总是迫不及待地想要去做。甚至有时周末的早晨，爸爸妈妈还在睡觉，她就已经早早地起床打开客厅的电视看起来了。等到爸爸妈妈起床之后，她不吃早饭，就迫不及待地去爸爸妈妈的卧室里玩电脑。

然而，等到写作业的时候，尤其是写妈妈布置的课外作业时，娅娅却不愿意马上完成作业。看到娅娅面对作业愁容满面的样子，妈妈简直怀疑这还是之前那个生龙活虎、精神抖擞看电视、玩游戏的娅娅吗？

在咨询心理专家之后，妈妈才知道娅娅可能患了选择性拖延症。也就是说，娅娅对于自己喜欢的事情会马上主动去做，甚至迫不及待地完成，但是对于自己不喜欢的事情，她却立刻感到精力不济，根本不愿意去做。

妈妈恍然大悟，接着咨询了心理专家要如何做才能帮助娅娅正确对待学习。专家建议妈妈不要过于强迫娅娅，因为对于患有选择性拖延症的孩子而言，一味强迫未必能起到好作用，要让娅娅自主规划学习，尤其是对于课外作业的选择，更是要得到娅娅的首肯，让她自己安排固定的时间完成，才能最大限度改变她的选择性拖延症症状。

明白了趋利避害的道理，选择性拖延症也就不难理解了。所谓选择性拖延症，顾名思义就是说拖延并非针对每一件事情，而是当事人根据事情选择是否拖延。大多数情况下这种选择并不是有意识的，而是人们在趋利避害的本能驱使下，故意推迟那些对自己不利的行为，或者延迟做那些会引起不好后果的事情。通常情况下，人们更愿意做对自己有利的事情，因为这样才会取得好的结果。越是难度大的事情，他们拖延的时间也就越长。

那么，当孩子身上表现出选择性拖延症时，父母首先应该意识到孩子并非真的是患有拖延症，而是不喜欢做某件事情才暂时引发了拖延症症状。父母应该追根溯源，先弄清楚孩子为什么不喜欢做某件事情。有些孩子抗拒一件事情是因为未知或缺乏经验而造成的内心恐惧；有的孩子恐惧一件事情是因为此前关于这类事情有过不好的记忆和体验，才会"一朝被蛇咬，十年怕井绳"。例如，孩子是因为发愁作业太多，那么父母可以帮助孩子分析如何给作业排序，才能让作业完成得更高效，让完成作业变得更容易。当父母不是站在孩子的对立面，而是与孩子站在同一战壕，体谅孩子、理解孩子、包容孩子，就能有效地解决孩子的选择性拖延问题。

对于孩子坚决不做的那些事情，父母一定要引起足够的重视，不要将原因简单归结于孩子只是不感兴趣或者比较排斥，而是要探究孩子坚决不做、想方设法拖延背后的特殊原因。虽然父母与孩子朝夕相伴，但是未必了解孩子的内心。了解真实原因之后，父母可以通过形象生动的方式向孩子展示，很多事情看到的和真实的并不一样，每个事物都有它的魅力所在。对于孩子非常排斥的事情，如果原因合理，父母应该理解，切记不可强迫孩子。对于难度较大的事情，可以协助孩子一起制订计划，分阶段完成，降低难度的同时，让孩子能够知道所有问题都有迎刃而解的办法，就看他们愿不愿意动脑筋。

完美主义的孩子更容易拖延

　　文文是个各方面都很优秀的孩子，不但学习成绩好，在手工方面更是有着超出常人的天赋和水平。虽然小学六年级课程比较紧张，但是她依然对手工充满热爱。每当有闲暇的时候，其他同学会通过玩游戏、逛街、读课外书等方式来放松自己，但是文文却会马上拿起自己心爱的工具箱，开始为芭比娃娃做衣服。看到女儿如此热爱做手工，妈妈虽然有些担心文文运动量不够，但又觉得女孩文静一些也好，至少具有淑女风范。

　　周五的一个下午，文文和平常一样放学后很快就写完了作业，又开始做手工。妈妈下班回来之后，看到文文给芭比娃娃做的小裙子已经初具模型了，情不自禁地夸赞："文文真棒，这件裙子简直比芭比娃娃本身穿着的裙子还漂亮。"不想，妈妈话音刚落，文文就生气地把做了一半的裙子摔到地上，怒气冲冲地说："才不是呢！"

后来妈妈才知道文文花了好几个小时做芭比娃娃穿的小裙子，但是始终无法让自己满意。妈妈意识到文文对于自己的要求已经超出了她这个做妈妈的对一个孩子的要求，自己真诚的赞美反而使文文的心受到了伤害。果不其然，自此之后很久，文文都没有再碰工具箱，而那件做了一半的小裙子，也没有再继续下去。

直到妈妈又送了一个新娃娃给文文，文文对这个新娃娃爱不释手，才又找出工具箱。这次，妈妈小心翼翼地说："文文，妈妈看得出来你真的很喜欢做手工，但是凡事都得一步一步来，就像你现在给娃娃做衣服，做得一次比一次好，将来水平达到一定程度，就可以成为一名服装设计师了！"听到妈妈的肯定，文文笑着抬起头，说："是的，我的梦想就是成为设计师，我还要去巴黎呢，我要成为全世界著名的时装设计师。"看到文文欢欣鼓舞的样子，妈妈悬着的心总算是放了下来。

在对自己做的裙子不满意之后，文文产生了深深的挫败感，甚至从此之后不愿意再给娃娃做裙子了。她因为达不到对自己的预期要求，所以对原本喜欢和擅长的事情产生了怀疑，从而发自内心地抗拒和拖延。直到得到妈妈送的新娃娃之后，文文才战胜了拖延，重新鼓起勇气拿起针线给娃娃做裙子。在这个事例中，文文就有完美主义倾向。

所谓完美主义，从心理学上来讲就是一种"凡事追求尽善尽美的极致表现"的人格特质。具有完美主义倾向的孩子，往往是那些本身已经很聪明、很优秀的孩子。正因如此，他们对自己的要求会比一般的孩子更高、更严苛，会给自己设定不切实际的高标准，常常因为不满于结果而深陷痛苦中，不能自拔。父母不要以为完美主义只发生在成年人身上，觉得孩子还小，心思少，就不去重视他们拖延行为背后的心理原因。

那么，有严重完美主义倾向的孩子有哪些特征呢？第一是非此即彼的极端思维，比如在学习成绩上，99分对他们来说就相当于不及格；第二是设置过高的目标，并因为无法实现而受挫；第三是对自己不满，不仅对失败不满，即使成功了也会不满，觉得自己做得还不够好；第四是为了追求完美，在一件事情上过分纠结，要么就是走向完全放弃的另一个极端。这样的孩子容易产生自我怀疑、自我否定，从而对自己失去信心。

　　实际上，金无足赤，人无完人，每个人都不可能绝对完美，更不可能在人生的路上做到面面俱到。对于过分追求完美的孩子，首先，父母要传递给他们正确的世界观、人生观，让他们认识到不完美才是这个世界的常态。其次，父母要引导孩子对自己形成正确的评价。很多孩子是因为从小就在父母的高期待中长大，所以无法正确认识和客观评价自己，这种情况下父母就要多认可孩子已有的成绩，给予积极的鼓励，而不是空洞的赞美，以免导致父母和孩子都在不知不觉中盲目拔高目标。

　　要知道当孩子顾虑过多、对自己要求太高时，他们就无法放开手脚去面对人生。想要自己的孩子拥有更好的人生，首先要做的就是教孩子悦纳自己、宽容自己。当孩子接受自己的不完美，接受自己不可能把凡事都做得完美的现实时，他们就开始成长。

逆反心理使孩子做事更拖拉

最近这段时间以来，乐乐和妈妈简直成了冤家对头，妈妈让他往东，他就偏偏往西，总而言之，他的原则就是不能让妈妈感到满意。实际上，乐乐对于自己的心态也感到很纳闷，他不知道自己为何偏偏要与妈妈作对。

周末，妈妈早晨八点叫醒乐乐，让他洗漱吃饭，之后就开始做作业，这样下午才能抽出时间去看他最喜欢的《蜘蛛侠》电影。乐乐也知道妈妈说的是对的，但是他就是不想按照妈妈说的去做。他赖在床上不愿意起床，起床之后又不想去洗脸刷牙，最终导致他在妈妈的催促声中洗漱完毕，吃完饭之后都已经十点钟了。

妈妈简直要抓狂了，妈妈原本准备让乐乐写完作业之后再出发去电影院的。妈妈歇斯底里地喊道："乐乐，你能不能不像蜗牛一样啊，你到底想不想看电影？"看到妈妈崩溃的样子，乐乐心底竟然很得意：我就不配合你，看你能怎么办！

　　妈妈当然不能怎么办，电影票已经买了，没办法退票，如果乐乐不完成作业就去看电影，那么晚上又不知道要拖延到几点了。妈妈无奈，只好严肃地对乐乐说："立刻、马上写作业，一秒钟也不要耽误，全速开动，不然电影票就算作废了，你也不能去看电影。"对于已经五年级的乐乐而言，看电影似乎已经没有那么大的吸引力了，尤其是妈妈还以看电影为借口要挟他，这使他更不愿意妥协。他慢慢吞吞地说："随便，反正我也不想去。"妈妈气得眼泪在眼睛里直打转，趁着乐乐写作业的时间，她在微信上和学心理学的妹妹说了此事。

　　妹妹看到姐姐这么生气，安慰道："姐啊，难道你不知道孩子从五六年级开始就进入青春叛逆期了吗？你这样以看电影为由要挟乐乐，他就算真的想去看电影，也不会向你妥协的。我倒是建议你换种方式对待孩子，毕竟他们现在逆反心理很强烈，不会轻易向你低头。既然如此你不如赞美和鼓励他，也许效果反而更好呢？"

　　妹妹的话让妈妈陷入沉思，的确，孩子长大了和以前完全不一样了。如果逆反会使他们更加拖拉，那么作为一个负责任的妈妈，的确不应该再这样下去了。

　　孩子进入青春期以后，大多数父母都会面临这样的困境：从前温顺听话的乖孩子突然像变了一个人似的，不但不爱跟父母沟通交流，反而想尽办法跟父母对着干，对于妈妈的话毫无理由地抗拒，哪怕妈妈说的是对的，他们也不愿意听从，让他向东，偏要向西，让他快点，偏要磨蹭。妈妈们其实也无须惊慌或者伤心，毕竟青春叛逆期是每个人都会经历的人生阶段，只要父母能够摆正心态，以正确的方式对待孩子，尽量避免激起孩子的逆反心理，一切就不会那么糟糕。

事例中，乐乐之所以宁愿不看电影，也不愿意接受妈妈的建议就是逆反心理在作祟。青春期是孩子最需要得到他人认同与尊重的时期，他觉得自己已经是大人了，如果还是以这样的方式被妈妈降服，会很丢面子。所以，当孩子对父母的意志表现出逆反态度时，不要着急发火，首先要想一想自己是否保护了孩子的自尊心。要知道随着年龄的增长孩子的自尊心也会变得越来越强，这在男孩子身上表现得尤为明显。父母在与叛逆期的孩子说话时要格外注意语气与用词，避免用命令的口吻对孩子呼来喝去，更不能透露出强迫、威胁的意味，避免进一步激起孩子的逆反心理。

父母要学会聆听孩子的心声，鼓励他们表达自己的意见，关心和重视他们内心的感受，让他们知道自己是被尊重、被重视的，自己的想法是独特的、有价值的。

依赖心理让孩子爱拖延

上小学六年级的丫丫是一个追求完美的女孩，写作业的时候她常常因为作业本上出现错误就撕掉那页纸，重新写。看到这里，很多人一定以为丫丫是个校园版的"女强人"，不管什么事情都力求尽善尽美。其实不然，丫丫是一个拖延成性的女孩。

周五下午放学，老师布置周末作业，让每个同学完成一份手抄报。丫丫不以为意，只是在回家的时候告诉妈妈要做手抄报，之后就把这件事情抛之脑后了。原来，从小到大妈妈几乎代劳了丫丫学习之外的所有事情，有的时候轮到丫丫出黑板报，都是妈妈去学校帮她在黑板上抄写文章的。这次是出手抄报，和学习没有必然的联系，因而丫丫在和妈妈说完之后就高枕无忧地去学习了。

妈妈这个周末一直在忙着加班，就把丫丫要出手抄报的事情忘记了。直到周日晚上，妈妈才问丫丫："丫丫，你说这个星期有什么事情要做？就是你周五放学的时候告诉我的。"丫丫有些不耐烦地对妈妈说："我周五一放学就告诉您了呀，要出手抄报。"妈妈一拍脑门："啊！那你做了吗？"丫丫无辜地摇摇头："没有呀，以前不都是您做的吗？"妈妈抱怨道："哎呀，我忘记了。你怎么也不提醒我一下呢？你知道我这个周末一直在加班。"丫丫还是不着急，说："那您现在就做吧，反正您两三个小时就做完了，也不耽误睡觉。我以为您做了呢，就没想着这件事情。"

妈妈对丫丫的态度感到有些不高兴，说："以后你还是自己完成吧，你要学会独立完成自己的事情。妈妈工作越来越忙，哪里有时间总是盯着你啊！"丫丫不以为意地说："妈妈，您还没帮我收拾书包呢！"妈妈看了看丫丫，无奈地摇了摇头。

在这个事例中，丫丫完全把自己置身事外，觉得周五下午放学把做手抄报的事情告诉妈妈就没有她的任何事情了，仿佛做手抄报是妈妈的作业。丫丫还因为已经周日晚上了妈妈还没有帮她收拾好书包而抱怨妈妈，可想而知丫丫平日里必然是依赖妈妈已经成为习惯了。一旦没有了妈妈的帮忙，她就会把原本自己该做的事无限拖延下去。

父母是孩子在世界上的第一顶保护伞，是孩子最强大的依靠。孩子对父母有着本性的依赖，成长的过程实际上就是逐渐摆脱依赖的过程。然而有些父母意识不到这一点，总是大包大揽，导致孩子的依赖心理越来越严重，总觉得凡事都有人代劳，自己无须操心。如果丫丫的妈妈能够偶尔狠心一次，不帮丫丫完成手抄报、收拾书包，那么等到丫丫去了学校，发现因为自己的拖延手抄报没完成、要用的书本也找不到，她接下来必然会自己的事情自己做，自己替自己操心。

父母的全权包办，对于孩子而言绝不是好事。正如有人所说，放手是父母对孩子最好的爱。明智的父母们一定要学会放手，让孩子尽早经历风雨，茁壮成长。

父母终归不能陪伴孩子一辈子，当孩子在父母的羽翼下渐渐长大，他们终究会离开父母的保护，独自到外面的世界里自由翱翔。被父母过度呵护的孩子自理能力很差，不管什么事情都不愿意主动去做，他们觉得无论什么事父母都会为他们做，哪怕时间紧迫父母也会为他们处理好一切。或许有些父母会想，孩子还小，自己能做的就尽量帮他们做，殊不知孩子一旦形成依赖心理就很难戒掉，等到他们长大了，独自外出求学、工作，甚至组成自己的家庭，就会因为缺乏自理能力而手足无措、举步维艰。

　　勤快的妈妈容易教出懒惰爱拖延的孩子，与此恰恰相反的是，很多"懒妈妈"教育出来的孩子反而更能够独立自主，把每件事情都处理得很好。要想帮孩子戒除拖延症，勤快的妈妈们从现在开始变得"懒惰"一些吧！这样才能给孩子更多的机会锻炼自己，给孩子更大的空间成长，尽早与拖延症说再见。

要求太琐碎，超出孩子的接受范围

学校要春游，一年级的豆豆兴奋不已，因为这是她第一次和老师、同学一起去郊游。整个晚上她都喋喋不休地说着春游的事情，却没有发现妈妈担忧的样子。所谓"儿行千里母担忧"，妈妈很担心豆豆第一次和同学们一起出去不会照顾自己，担心会出现安全问题。

为此，妈妈对豆豆说："豆豆，赶快收拾明天春游的东西吧。为了方便你明天找东西，妈妈就不帮你收拾了，你要自己收拾，这样你就知道什么东西在哪里，一下就能找到了。"豆豆有些为难，问妈妈："我要收拾什么东西呢？"妈妈说："食物，水，还有牛奶以及水果等。此外，你还要带干纸巾、湿纸巾，还有垃圾袋。我想想，最好再带点创可贴和治拉肚子的药，以防万一……"

妈妈叽里咕噜说了一大堆，豆豆始终懵懂地看着妈妈，不知道该如何下手。妈妈说完很久之后，豆豆还是磨磨蹭蹭的，没有收拾东西。妈妈问："豆豆，你怎么还不开始收拾呢？明天大巴车早上七点半就要出发，咱们要早早地起床去学校。"豆豆应着，但还是无动于衷。又过去十分钟，妈妈开始催促豆豆，豆豆委屈地说："妈妈，我不知道应该怎么收拾。"

妈妈恍然大悟，对于从未收拾过东西的豆豆而言，的确无从下手。为此妈妈把豆豆需要用的东西都找出来，再让她按照顺序装入背包的各个口袋里，还叮嘱她需要用的时候记得把这些东西找出来。这下子豆豆变得非常积极了，成了妈妈的好助手。

在这个事例中，豆豆之所以拖延完全是因为妈妈的要求太琐碎，又忽略了豆豆此前从未自己收拾过那么多东西。妈妈在意识到豆豆可能一下子无法达到所有的要求之后，先把东西整理好放在一边，再由豆豆自己负责按照顺序装入背包里，这样豆豆就感觉这件事是自己力所能及的了。

其实，父母在与孩子沟通的过程中常常犯同样的毛病，那就是不自觉地把孩子当作成人，采取与成人沟通的方式与孩子交流，却忘记了孩子毕竟是孩子，他们的心智并未完全发育成熟，因而接受能力有限。当父母的要求太过琐碎，超出了孩子的接受范围，孩子自然会因为无所适从而两手一摊，迟迟不肯动手。父母只有学会从孩子的视角看事情，用孩子的思维水平考虑问题，才能明白什么样的事情是孩子善于也乐于去做的。

很多父母与孩子沟通时丝毫不顾及孩子的感受，又因为孩子不能完全理解他们的意思，更无法按照他们所说的去做因而迁怒于孩子。当看到孩子拖延时，有些父母还会心急如焚，不由分说地就责怪孩子，导致孩子也非常委屈。毫无疑问，在与孩子沟通的过程中，父母是占据优势的，父母的语言组织能力更强，生活经验更丰富，所以更应该肩负起让沟通顺畅的责任。

日常生活是非常琐碎的，孩子在成长的过程中更是要经历无数个第一次。父母唯有多用心，陪伴孩子走过人生中的每一个第一次，用耐心和爱心与孩子交流，向孩子展示这个世界，才能帮助孩子不断成长、成熟起来。

面对孩子突如其来的拖延，父母先不要着急，而是要反省自己与孩子的沟通是否准确到位，再认真想一想孩子此前是否有过类似的经验。如果没有，那么就详细告诉孩子该怎么做，或是父母先为孩子做示范。相信当孩子明确自己该如何做之后，就不会因为不知所措而拖延了。

孩子的等待交换心理

　　周末，妹妹甜甜的幼儿园布置了一项作业，即要求孩子们在家用A4纸完成一张以庆祝中秋为主题的贺卡。对于才三岁半的甜甜而言，显然无法凭借自己的能力独立完成这项作业，因此妈妈把这项重任交给了哥哥浩浩，让他带着甜甜一起制作贺卡。然而，浩浩从周六拖延到周日，到了周日下午还是没有任何动手做的迹象。妈妈不由得着急起来，催促浩浩："浩浩，已经下午了，你怎么还不带着妹妹做贺卡啊？"浩浩笑了笑，对妈妈说："不要着急啊，妈妈，我肯定会帮她做的。"

　　转眼之间时间又过去两三个小时，眼看着就要到傍晚了，浩浩还是无动于衷。妈妈不由得感到纳闷：浩浩以前不是这么拖拖拉拉啊，而且也很喜欢帮助妹妹，这是怎么了呢？直到傍晚时分，浩浩才说："妈妈，我帮助妹妹完成作业有没有什么奖励呀？"妈妈恍然大悟，不由得暗暗想道：这个小家伙，原来是等着交换奖励啊！

妈妈笑着说："可以奖励，可以的，到时候妈妈奖励你一套你喜欢的书，你自己挑选怎么样？"浩浩高兴得跳起来，他欢呼雀跃着喊道："那就给我买一套《哈利·波特》吧！"

浩浩之所以一直拖着不帮妹妹做贺卡，原来是想以此为借口让妈妈奖励他。孩子的小心思是可以理解和体谅的，毕竟只有当智力发展到一定水平孩子才会越来越聪明，也才会有更多这样的小心思。妈妈对于浩浩为了换取报酬而故意拖延的行为并不反感，反而主动提出要送给浩浩一套书，从而激发他的积极性，使他更愿意帮助妹妹，也让他得以实现自身的价值，获得更大的成就感。

未必每一个孩子都会有浩浩这样的小心思，但是很多孩子都存在着等待交换的心理，毕竟父母不可能毫无限制地满足孩子索要礼物的欲望。随着心智的成长和成熟，他们会有越来越多的心思，想要通过交换的方式帮助自己赢得更多索要礼物的机会，或者让自己的心愿得以实现。例如，有些孩子会和父母约定，如果自己期末考试排名在前几名，假期就可以去旅游，这也是一种交换。

也许有些父母会觉得孩子小小年纪就有这么多心思不是好事情，然而换一个角度想，孩子早一些认识付出与回报的概念，早一些学会谋划，也许比一直懵懂无知更好。所以爸爸妈妈们，当你们看到孩子无缘无故开始拖延时不要着急，先帮助孩子端正心态，认真洞察孩子的内心，才能更加深入地了解孩子的心理。

对于孩子渴望得到额外的奖励，父母不要总是不分青红皂白就否定孩子的想法，也许孩子渴望得到的奖励是他们需要的东西，也许孩子渴望奖励才会激发起自身的热情和动力，从而把事情完成得更好。

总而言之，对于拖延的孩子一味地催促并不可取，重要的是了解孩子心中真正所想的，不妨采取激励的手段满足孩子的心愿，同时激发孩子的动力，让孩子主动自觉地去完成某些事情，从而实现自己的理想。

做事缺乏耐心，孩子拖延成性

毛毛已经上小学五年级了，可做事情还总是没有耐心，经常半途而废，对于他认为烦琐、困难的事情，甚至会心生抵触，拖拖拉拉不愿意去做。于是，妈妈给毛毛讲了一个故事。

有一位著名的推销大师，因为年纪越来越大，他决定结束自己辉煌的推销生涯。在正式宣布退休之前，他想进行一次别开生面的演说，这也将会是他职业生涯中的最后一次演说。那天，人们纷纷慕名而来，整个会场座无虚席。人们非常期待亲耳听到这位推销大师的演讲，也希望从推销大师这里得到他成功推销的宝贵经验。

在人们热切盼望的目光中，舞台上的大幕缓缓地拉开了，人们没有看到推销大师，首先映入眼帘的是悬挂在舞台中间铁架子上的一个巨大的铁球，这个球看起来就非常重。在人们热烈的掌声中，白发苍苍的推销大师走上舞台，冲着台下喊道："我需要两个年富力强的年轻人，谁想来？"推销大师话音刚落，就有两个年轻人快步跑上舞台，他们为自己能够成为推销大师的助手感到荣幸。出乎人们的预料，推销大师只是拿出两个小铁锤，让两个年轻人同步敲击大铁球。

台下的观众不由得感到困惑，毕竟铁球非常巨大，而铁锤则只有正常大小，如何能够敲动铁球呢？老人面色平静，年轻人一下一下地敲击铁球，但是铁球纹丝不动。这时，年轻人开始同步发力，都竭尽全力地敲击铁球，然而铁球依然一动也不动。台下的观众开始交头接耳，他们认定小铁锤不可能使铁球动起来，都等着推销大师对此做出解释。

不想，老人只是从年轻人手中接过铁锤，然后他让两个年轻人都下台，自己则开始一下一下不疾不徐地敲击铁球。观众们以为又有了玄机，渐渐恢复平静。二十分钟过去了，铁球依然纹丝不动，观众们又开始窃窃私语，甚至有人失望离席。这时，有个观众突然惊讶地喊道："动了，动了，铁球动了！"人们仔细看过去，铁球真的动了。

随着老人不断地敲击，铁球摆动的幅度越来越大，留下的观众全都啧啧称赞。这时老人语重心长地说："我从事销售行业一生，只得出一条经验，那就是通往成功的道路上，耐心是战胜失败的唯一办法。"

妈妈讲这个故事就是为了告诉毛毛，耐心是获得成功非常重要的一个要素。

曾经有心理学家说，人的先天条件其实相差无几，之所以后天发展悬殊就是因为他们后天的努力不同，各自的耐心和毅力也不同。老人并非天生就是销售大师，他之所以能够赢得销售大师的赞誉，正是因为他拥有很多人都缺乏的耐心。从心理学角度来说，所谓耐心就是人们忍受痛苦的能力。很多人一旦遭遇不幸就会自暴自弃，而有些人在遇到不幸的时候，却能够坚持不懈，决不放弃。从这个意义上而言，耐心与人的毅力和承受能力也是密切相关的。

很多父母都为孩子拖延成性感到焦虑苦恼，殊不知孩子拖延有时并非是故意的，恰恰是因为缺乏耐心。首先，对于孩子来说，他们能够集中注意力的时间是有限的，尤其是学龄前的孩子，一般不会超过十五分钟。直到十二岁以后，孩子能够稳定持续注意力的时间才会超过三十分钟，因此，他们往往难以集中注意力长时间坚持做一件事。其次，孩子的耐挫力不强，他们不像成人一样经受过许多锻炼和磨炼，他们的心理承受能力有限。这些是孩子成长发育的规律决定的，父母必须遵从客观条件，意识到"缺乏"是相对的。

在这个基础上，有些孩子就是真的缺乏耐心了：他们做一件事，总是比别的孩子更容易感到不耐烦；遇到点困难便不知所措，遇到小小的障碍就会情不自禁地想要退缩；做事情总是避重就轻，甚至对于成功也不敢努力去争取。实际上，这些孩子总是过于关心别人对自己的看法，总是活在他人的眼光里。每当他们遭遇失败，想到的只是让别人安慰他们，而不想得到任何中肯的意见。所以缺乏耐心的孩子更拖拉，也总是会把有一定难度的事情推迟到最后去做。

孩子缺乏耐心的原因很多，有些是先天性格导致的，还有些是因为受到父母的影响。人们常说，孩子是父母的一面镜子，很多孩子都通过观察父母来给自己塑形。如果父母本身性格急躁，动辄埋怨、责骂他人，孩子自然而然地也会变得缺乏耐心。所以在教养孩子的过程中，父母必须谨言慎行，以身作则，一旦发现孩子缺乏耐心，父母要耐心引导孩子，帮助孩子树立信心。只要父母是坚定而又和善的教养者，孩子就会从父母那里获得最好的教育，找到最好的行为示范的榜样。

为了培养孩子的耐心，有心的父母还可以有意识地给孩子树立障碍，按照由易到难的顺序，注意不要一下子设置过难的障碍，否则会打击孩子的自信心，导致孩子自暴自弃。总而言之，养育孩子是一份需要用心、用爱进行的事业，父母必须有耐心、有恒心才能把这份事业做好。

第三章　戒"拖"第一步：找到"传染源"

如前文所说，孩子的每个拖延行为背后都有父母不知道的深层次原因，孩子自身也许并不想拖延，除了性格因素的影响之外，很多时候也是因为在生活中受到潜移默化的影响，受到家庭教育方式和观念的影响。要想帮助孩子戒除拖延，父母首先要找到拖延的"传染源"，从根源上解决孩子的拖延问题。

隔代娇纵导致孩子任性拖延

希希已经三岁了，还有半年就要上幼儿园了。为此，妈妈和爸爸一直主张要让希希尽早练习自己穿衣服、吃饭、如厕等，为上幼儿园做准备。因为忙于工作，爸爸妈妈只有周六周日才能亲自带希希，平日里希希是由爷爷奶奶负责照顾和看管的。

一天早晨，妈妈上班走得晚了些，看到奶奶居然端着碗正追着希希喂饭，赶紧说道："妈，不要再喂饭了，到了幼儿园她该怎么办呢？"说完，妈妈告诉希希："希希，你自己吃饭好不好？"希希撒娇地说道："我不要，我不要自己吃饭。"奶奶赶紧安慰希希："希希乖啊，奶奶喂，奶奶喂饭，希希吃得又多又好，长得又高又壮。"妈妈急于上班，无奈地走了。

为了训练希希如厕，妈妈还专门买了个小马桶，让她养成自己脱裤子如厕的习惯。然而，马桶都买了一个月了，妈妈下班回家之后发现希希还是不会使用。直到一个周末，希希要上厕所，妈妈看到奶奶一把抱起希希，给她脱掉裤子，妈妈无奈地和爸爸说了这件事情。爸爸和奶奶说："妈，您不要总是这样惯着她，她到幼儿园不会自己如厕怎么办？"奶奶不以为意地说："船到桥头自然直，孩子大点了自然就会了，现在距离上幼儿园还早着呢，我会在入园前两个月的时候教她的，到时候她也大点了。"就这样，虽然爸爸妈妈从入园前半年就已经布置好准备计划，但是直到真正入园，希希还是不会自己吃饭、如厕。

入园第一天希希哭闹不止，不愿意去幼儿园，奶奶也泪眼婆婆的，恨不得陪着一起入园。好不容易才狠下心来把希希送到幼儿园，奶奶整个上午都守在幼儿园外面，只为了孩子课外活动的时候看一眼宝贝孙女。因为不会独立吃饭，也不会独立如厕，希希不但没有吃饱饭，而且还尿裤子了，狼狈不堪。

次日，希希更不想去幼儿园了，奶奶也完全心软了，一个劲儿地说："不想去就不去吧，休息一天再去，这样让孩子有个缓冲期。"爸爸妈妈上班之后，奶奶自己做主，没有送希希去幼儿园。最终，其他的孩子虽然初期入园也苦恼，但是几天之后就适应了，唯独希希三天打鱼两天晒网，越来越抗拒去幼儿园。

一个月之后，幼儿园里孩子们全都步入了正轨，希希却依然哭着去幼儿园，完全不配合。奶奶原本以为希希只要时不时地休息一下，就能渐渐适应，现在发现她居然变本加厉，也很无奈。幼儿园的老师对奶奶说："奶奶，您觉得是心疼孙女，实际上这样最容易让孩子产生混乱，之前哭都白哭了，休息几天之后又得重新适应入园，其实您这是折腾孩子呢！"

老师的话让奶奶陷入沉思，她也意识到自己溺爱孩子的确有问题，因而狠下心来坚持送希希去幼儿园。果然，两个星期之后，希希完全适应了幼儿园的生活，终于能开开心心地去幼儿园了。

正是奶奶的娇纵和宠爱，使得希希没有及时学会自己吃饭和如厕，导致进入幼儿园之后有诸多不便，这也加重了她对幼儿园的排斥和抗拒。对于坚持去幼儿园的问题，也因为奶奶的退让导致希希"三天打鱼，两天晒网"，直到其他小朋友都已经适应了，希希还是哭哭啼啼地去幼儿园。老师的话让奶奶意识到问题所在，奶奶也从谏如流，赶紧采纳老师的建议，改正了错误，最终帮助希希顺利度过艰难的入园期。

如今，很多父母或者把孩子寄养在爷爷奶奶、姥姥姥爷家里，或者把爷爷奶奶、姥姥姥爷接到自己家，专门负责养育和看护孩子，这样一来就能从照顾孩子的繁重任务中脱身，为了家庭的经济建设全力以赴地投身于工作。殊不知把养育孩子的重任完全交给祖辈，虽然父母能够全心工作，但是隔代的娇纵和宠溺会导致孩子身上出现很多不好的行为习惯。有些孩子还会做事情拖延，对父母的管教不放在心上，这都是因为他们有爷爷奶奶或者姥姥姥爷做靠山。

不仅如此，隔代娇纵还会在家庭教育中拖后腿。在三代同堂的家里，我们常常可以看到这样的场景：每当父母教育孩子的时候，爷爷奶奶、姥姥姥爷就会因为心疼孩子，以"孩子还小，犯不着这样"等理由反过来劝阻父母，给教育者拆台。孩子都很聪明，很懂得察言观色，当看到有人与自己站在同一战壕，给自己打掩护，更何况这个人还是爸爸妈妈的长辈，就更加有恃无恐了。由此可见，很多时候大人的娇纵，恰恰是让孩子变本加厉拖延的根本原因。

所以如今很多重视孩子教育的父母，会合理协调好家庭与工作的关系，或者一个人挣钱养家，一个人负责教养孩子，或者肩负主要教养责任的那个人找份轻松的、时间充裕的工作，从而照料好家庭生活的方方面面。总而言之，完全把孩子交给老人养育是行不通的，毕竟老人的育儿观念比较陈旧，而且因为隔代疼爱，孩子会变得越来越娇惯任性。

此外，每个家庭成员在教育孩子的问题上一定要取得一致，尤其是祖辈和父辈更要互相协作，不要因为心疼孩子就放松要求，也不要因为孩子楚楚可怜就放弃原则。任何时候教育都应该前后一致，否则就会让孩子觉得有机可乘，机灵的他们很有可能趁着家庭成员内部意见不一致而钻空子，导致更加拖延。

父母以身作则，孩子不拖延

　　周末，刚刚上一年级的朋朋伏案疾书很长时间，想画一幅画送给爸爸妈妈。原来，他在学校里学会了画彩笔画，便迫不及待地想要展示给爸爸妈妈看。画作刚刚有了雏形，朋朋就赶紧叫妈妈过来看。妈妈正忙着准备午饭，随口敷衍道："宝贝真棒，你继续画，妈妈一会儿就去看啊！"朋朋等了一会儿，见妈妈没有来，就叫爸爸："爸爸，赶快来看我画的画啊，这上面还有你呢！"爸爸正忙着处理工作上的一个文件，头也不抬地说："好的好的，爸爸马上就来。"朋朋左等右等，既没有等来爸爸，也没有等来妈妈。他沮丧地放下画笔，不想再继续画了。

　　直到吃午饭时，爸爸妈妈才各自忙完，聚集在餐桌旁。这时，妈妈叫朋朋吃饭，朋朋说："好的，知道啦！"等了有几分钟，妈妈发现朋朋还坐在电视机前看动画片，因而又叫道："朋朋，来吃饭啦！你没听到妈妈的话吗？"朋朋继续说："好的，马上就来。"说完这些话，朋朋还是丝毫没动，依然目不转睛地盯着电视。良久，妈妈实在按捺不住火气，喊道："朋朋，你到底有没有听到妈妈讲话？！"朋朋不以为意地说："我马上就要看完了，你们先吃吧！"妈妈坚持喊道："饭菜就快凉了，赶紧过来吃饭！"朋朋也有些不耐烦："饭菜凉了有什么关系？我的画都画完那么久了，你们也没来看呀！"

爸爸妈妈这才猛然记起原来他们还没有接受朋朋的邀请去看朋朋的画呢！意识到朋朋也许是在闹情绪，又想到他很有可能受到不好的影响，以后做事也拖拖拉拉，爸爸妈妈赶紧放下碗筷先去看朋朋的画。在认真欣赏了朋朋的画并且发表意见之后，他们又叫朋朋吃饭，这次朋朋很配合地来到餐桌旁。

除了祖辈的过分疼爱之外，父母的言行习惯也会给孩子带来很大的影响。事实上，现代社会很多成人本身就是重度"拖延症患者"。例如，早晨的闹钟关掉五次才起床；衣服堆成山了才洗；报告拖到截止日前一晚才写；账单拖到催缴电话来了才付。父母在想方设法解决孩子拖延问题的同时，先要改正自身的拖延问题。

我们都知道言传身教的作用，父母即便能在孩子面前隐瞒自己在工作上的拖延，但日常生活中的细节还是会毫不留情地"揭穿"他们。孩子虽然小，但对于父母的很多表现都是有感觉的。很多父母当着孩子的面没有注意自身的言谈举止，或者因为本身就是慢性子，无意识地就开始拖延，这些都会被看似漫不经心的孩子记在心里，孩子的模仿能力很强，很容易变得和父母一样做事拖拉。

很多人都说父母是毕生从事的事业，在孩子面前，父母要改变自己的随意与任性，为孩子起到好的示范作用。与其抱怨孩子拖延，父母不如更多地反省自身，改变自己拖延的坏习惯，才能给孩子树立积极的榜样，让孩子也学着父母的样子，言必信，行必果。记住，教育孩子，尤其是帮孩子养成良好的行为习惯，绝非简单地说几句话就能解决。身教的作用，远远大于言传。

正所谓"己所不欲，勿施于人"，父母只有从自身出发，谨言慎行，以身作则，才能给孩子的健康成长带来更大的推动和促进作用。

排解自身焦虑，不要转移给孩子

　　为了不让儿子输在起跑线上，雷雷才上一年级，妈妈就给他报了五六个课外班。这些课外班有培养兴趣爱好的绘画班、跆拳道班，也有帮助提高学习成绩的语文、数学等补习班。每天放学之后，其他同学都高高兴兴地跟着妈妈回家了，但是雷雷却踏上了新的征途。由于妈妈报的课外班太多，他只能每天放学之后就去上课外班。大多数课外班都是一个半小时，有的是两个小时，这使雷雷每天就只有很少时间写老师布置的作业。

　　因为心急，不管是早晨起床，还是下午放学，只要是和雷雷在一起，妈妈就一直在不停地催促雷雷。渐渐地，她的焦虑心态传染给了雷雷，雷雷越发感到紧张，最终原本配合上课外班的他选择了放弃。当然，这是不可能得到妈妈同意的，因而他就采取消极怠工的方式，不仅在课外班中总是磨磨蹭蹭，而且回家的路上也尽量走得慢一些。这样拖延下去最直接的后果就是雷雷根本没有充足的时间完成学校的作业，还常常因为睡得晚，第二天早晨起床困难。

妈妈不知道原本乖巧懂事的雷雷是怎么了，在看完心理医生后，她才知道雷雷因为焦虑患了拖延症。当然，心理医生也告诉妈妈："孩子拖延是很正常的，他们也许是在用这种方式表示消极抵抗。如果能够合理安排孩子的时间，最主要的是减少课外班，相信孩子因为焦虑引起的拖延症状就会好很多。当然，如果孩子继续这样下去，那么过度拖延将会影响孩子的学习和生活，甚至影响孩子的人生。"

才上一年级的雷雷就被安排了五六个课外班，可想而知他每天的学习生活多么忙碌。实际上，有很多孩子的拖延行为就是这样被逼迫出来的。现如今，父母们从小学甚至幼儿园开始就争先恐后地给孩子报各种培训班、补习班，别人家孩子上的，自己的孩子也要上，别人家孩子没在上的，自己的孩子更要去上。即使有时看着劳累不堪的孩子自己也心疼，但就是无法说服自己让孩子少上一两门课。

这就是成年人的焦虑心理在作祟。现代社会生存压力越来越大，很多父母在职场上都承受着工作的重担，不但要付出加倍的努力才能把工作完成，还常常感到 "技" 到用时方恨少，想改变现状却又受到各种各样的局限。因此，看着少年不知愁滋味的孩子，父母们不免为他们的将来担忧，总希望他们多学点技能，将来能在社会上四通八达，不至于处处碰壁。这种焦虑一转移，父母们便出奇一致地产生了不让孩子输在起跑线上的心态。

然而父母要明白的是，孩子没有理由分担成人的焦虑，更不应过早地体会生存压力。人生是一个漫长的过程，在人生的不同阶段，每个人都要体验不同的感受。既然孩子还小，那么就不要让孩子过分紧张和压抑，尤其是在童年时期，更要以合理的方式让孩子享受幸福的、无忧无虑的生活。所以明智的父母会从自身的焦虑中摆脱出来，从孩子本身的成长需要出发。

实际上，对于学龄前后的孩子而言，最重要的是建立良好的学习习惯，使孩子的身心得到健康、全面的发展，而不是源源不断地往他们的小脑袋里塞知识，往他们的小身躯上添技能，一味地揠苗助长。理智的父母会从容安排好孩子的学习生活，而不会完全忽略孩子的感受，只是督促孩子不断进步。父母要安排好孩子的生活，更要帮助孩子养成良好的习惯，当父母摆正自己心态，不再把紧张不安传递给孩子，孩子的拖延症状自然就会好转。

苛求完美的父母易养成拖延症孩子

每天写作业的时候，就是磊磊最痛苦的时候，因为他总是要求尽善尽美，力求做到作业本的每一张纸上都没有错别字和任何涂改痕迹。可想而知这样的要求很难达到。有段时间，磊磊的作业本用到最后只剩薄薄的几页，之前写的作业都被他以不完美为由撕掉了。

有一天晚上，老师布置的作业非常多，磊磊还和之前一样要求自己。然而也许是因为压力大，心里又着急，每次都是在刚开始写的时候就出现错误。磊磊总是毫不迟疑地撕掉，然而整整一个小时过去了，他还是连一项作业都没有完成。磊磊觉得心力交瘁，甚至有些抓狂，最终，困倦不已的他把整本作业都撕掉了，这就导致他第二天没有交作业。

老师向妈妈反映问题，妈妈也很不明白磊磊这是怎么了。经过观察，妈妈发现磊磊特别追求完美，为此，妈妈苦口婆心地对磊磊说："宝贝，就算是书法大师也不能保证每个字都完美无瑕，更何况你是在做作业，其实出现错误是在所难免的。"磊磊困惑地说："但是你总是要求自己把每件事情都做好，你那么优秀，我也想像你一样。"

听了磊磊的话，妈妈陷入沉思。良久，她才对磊磊说："宝贝，没有任何事情能做到完美，妈妈已经意识到自己过于追求完美是错误的。你要学会接纳自己，宽容自己的错误。毕竟没有人能不犯错，人都是在不断犯错然后改正的道路上成长的。"

当孩子过于追求完美时也会产生拖延的情况，他们一次次地对自己感到不满意，因而必然一次次地重试。实际上，这多数与他们所受的家庭影响分不开。这与之前所说的父母转移焦虑不同，因为焦虑往往来自于周围环境的影响，父母只要从群体意识中脱离出来，很容易就能意识到自己的问题。苛求的传染是无意识的，就像事例中的磊磊，如果不是偶然的机会让他说出心里话，妈妈可能永远也意识不到自己过分追求完美的心理，严重影响到了磊磊的行为习惯。

完美主义小孩非此即彼的思维，往往就来自于童年时期父母明确而严格的禁止。比如，不能把手指放进嘴里、不能坐在地上等；精确而机械的作息规定，几点几分必须起床、吃饭、喝水，哪怕孩子不饿也不渴；过分爱干净甚至有洁癖，地板上不能有一根头发。之所以说父母们无意识，是因为他们在做这些事时认为自己并没有对孩子提出过高的要求，他们只不过是在维护家里的日常环境，培养孩子养成良好的生活和卫生习惯，却忽略了孩子的天性是自由的，如果良好的环境和习惯要以牺牲自由为代价，那么完美主义小孩的养成就不足为奇了。

不过，家长即使做到严于律己，宽以待人，也依然难以避免对孩子产生影响，因为亲子关系的亲密性就决定了即使没有言传，身教还是会起到巨大的作用。

父母必须明白一点，对于自主性和自控性较强的成人来说，积极的完美主义运用在工作中是有好处的，但对孩子来说通常不是什么好事。孩子只是在学习上追求完美，还不会造成严重的后果，而一旦步入人生的道路还依然追求完美，就会导致他们的生活、学习和工作都遭遇极大的困扰。甚至过于追求完美会演变成一种心理疾病，导致孩子的精神过于紧张，无法放松心情对待生命中的一切。当发现孩子过分追求完美时，父母应该引导孩子接纳自己，认可和欣赏自己，这样的人生才精彩。

放慢节奏，符合孩子的成长速度

在养育孩子的过程中，很多父母都会在不知不觉中犯一个错误，即把孩子当作成人，不管是与孩子交流，还是要求孩子完成某件事情时，都难免使用成人的标准判断，脱离实际情况。实际上，尽管现在生活条件好了，很多孩子都发育得很早，但是孩子即使看起来人高马大，心理上仍然是个小孩。对于成人的很多生活节奏，孩子是跟不上的。在这种情况下，即便在成人眼中觉得很简单的事情，到了孩子那里也会成为难题，甚至障碍。

每天早晨起床，亮亮都觉得自己像是在打仗，因为妈妈总是不停地在催促他，使他变得紧张焦躁。有的时候因为妈妈过分催促，他甚至想要扔掉手里的牙刷牙膏，再躺回温暖的被窝里继续呼呼大睡。

看到亮亮刷牙需要十分钟，洗脸需要五分钟，妈妈简直崩溃了。她想不明白：刷牙洗脸真的需要那么长的时间吗？所以她对亮亮的拖延行为很不满意："亮亮，你能快点儿吗？""亮亮，你是在绣花吗？怎么需要那么久？""亮亮，你已经蹲在马桶上十五分钟了！"在一声接着一声的催促中，妈妈恨不得代替亮亮刷牙洗脸。在送亮亮上学的路上，即便他们一路狂奔，亮亮也还是经常迟到。

同学聚会的时候，妈妈和其他已经为人母的女同学说起孩子磨蹭和拖延的问题，马上就引起了很多共鸣。只有一位学习儿童心理学的女同学没有加入控诉孩子拖延的大军，而是淡然地说："孩子拖延问题完全在于你们。"女同学们都纳闷地瞪大眼睛，那位同学继续说："孩子的做事速度与成人的做事速度是不同的。"一石激起千层浪，很快女同学们就针对这个问题展开了热烈的讨论。最终大家不得不承认，成人之所以总是觉得孩子拖延，完全是因为他们总是以自己的做事速度衡量孩子的做事速度。

作为父母一定要记住：孩子的做事速度与大人的做事速度不同，不要因为孩子慢就觉得孩子拖延，对孩子百般不满意。实际上，成人要想正确评价孩子，就要和孩子站在同一位置上。这就像大人和小孩说话的时候要蹲下，或者坐下，从而与孩子保持平视一样，既然评价的对象是"速度"，那么父母就要让自己的速度也尽量接近孩子的速度。

要知道对于孩子来说速度并不是首要的，他们对这个世界首先是认知，在一切成为自然而然之前，他们必然要经历一个摸索的过程。为此，父母必须留出足够宽裕的时间和空间，让孩子一步一个脚印地成长，当适应了孩子的速度，说不定你就会欣喜地发现孩子其实一直在进步呢！

相反，如果父母一味地以成人的速度衡量和要求孩子，就会变成揠苗助长。比如，让孩子一岁学走路会影响孩子下肢骨骼发育，导致孩子在儿童时期出现"O型腿"；让孩子三岁学乐器，影响孩子手部骨关节、韧带的生长发育；让孩子五岁学电脑，电磁辐射会影响孩子脑细胞发育，对视力也会造成损害。原本父母的出发点是不想让孩子输在起跑线上，但结果却是让孩子跌在了起跑线上。快未必好，有时慢反而能让孩子更好地成长。

成人生活在熙熙攘攘的时代里，难免要不停歇地奋力拼搏，但是作为父母哪怕平日里生活节奏再快、工作压力再大，在面对孩子、陪伴孩子成长的时候，也要让自己的心恢复平静，放缓节奏，符合孩子的成长速度。

谨言慎行，教孩子分清轻重缓急

很多时候孩子并非故意拖延，而是因为他们不懂得区分事情的轻重主次，所以做事情总是本末倒置，不分先后。在这种情况下，如果父母抱怨孩子拖延，孩子往往会觉得非常委屈，因为他们觉得自己明明已经很努力了，却还是被抱怨，接下来更不知道自己要如何做才能把事情做得更好。

要想提高效率，最重要的不是急于求成，而是要耐下心来区分事情的轻重缓急，从而给事情正确排序。这样一来就能在第一时间完成着急的事情，接下来再完成那些不太着急的事情，自然也就不存在拖延的情况了。

当然，因为人生经验不足，孩子没有那么强的判断力，所以父母在培养孩子区分事情轻重的能力时，需要有耐心，讲得仔细一些，只要让孩子养成要事排第一的好习惯，很多因为拖延而导致的问题就会迎刃而解。对于年幼的孩子而言，只靠着言语的传达，他们还是无法理解什么是重要的事情，那么作为父母就要牵起孩子的手，陪伴他们经历各种人生的困境，从而言传身教、潜移默化地教会孩子。此外，父母还可以在事情完成之后总结评讲，告诉孩子什么是重要的事情，向孩子解释为何要先做重要的事情。

　　一天，正在读二年级的飞飞非要去滑轮滑，为此妈妈翻箱倒柜地找出了他那双已经一年多没穿的、锈迹斑斑的轮滑鞋。飞飞知道有个公园里有孩子滑轮滑，所以就让妈妈带他去那个公园玩。在去公园的路上，妈妈开玩笑似的对飞飞说："飞飞，你的鞋子这么脏，简直太丢人了，一会儿你离我远点儿，可别说我是你妈妈呀！"来到公园，妈妈找了个椅子坐着看书，飞飞自己换上轮滑鞋，就开始玩了。不到十分钟，妈妈抬头看飞飞的时候，发现飞飞正坐在地上脱右脚的鞋子呢。

　　妈妈以为飞飞的鞋子里有沙子，又看到飞飞没有什么异样，因而就没说话。一分钟之后，妈妈觉得有些担心，就又抬起头看看，这才发现飞飞右脚的轮滑鞋已经脱掉了，他正痛苦地趴在地上呢！妈妈觉得情况不对劲，赶紧跑过去问飞飞怎么了。这时候，飞飞痛苦地说："妈妈，我的腿疼。"妈妈试图把飞飞扶起来，可飞飞根本站不起来，旁边一位妈妈帮忙搀扶着，飞飞才用一只腿支撑着，来到花坛边坐下。妈妈把飞飞受伤的腿放好，赶紧给他简单固定了腿部，然后给爸爸打电话。到了医院一拍片子，飞飞的腿竟然骨折了。

　　妈妈详细询问飞飞摔伤时候的情况，才知道是因为飞飞的鞋子很长时间没穿了，转向不太灵活，被练习轮滑用的三角桩绊倒了，所以才会导致腿部骨折。妈妈又问飞飞："你摔倒之后，为什么不叫妈妈呢？"飞飞委屈地说："你不是告诉我不要说你是我妈妈吗？我不敢叫你。"

听到飞飞的话妈妈心如刀绞。原本她只是在和孩子开玩笑，却没想到孩子当真了，即便骨折了那么疼也没有叫妈妈。为此，妈妈后悔了很长一段时间，直到飞飞的腿完全康复，她心中的愧疚感才减轻了一些。

对于每个孩子而言，父母都是这个世界上无条件对他们好、支持他们的人，也是他们最信赖的依靠。对于妈妈的玩笑话飞飞即便当了真，在腿部骨折的情况下，也应该立刻找妈妈。飞飞就是因为没有准确区分事情的轻重缓急，所以才产生了向妈妈示警的拖延，幸好没有酿成严重的后果，否则就是一辈子的伤痛。

父母要给予孩子足够的安全感，在对孩子说话的时候一定要谨慎，避免讲过分的玩笑话。否则，孩子把父母的话当真，就会产生很多误解。

人生中总是有很多意外，每当遇到突发情况时，相信每个父母都希望孩子坚决果断、冷静理性，那么就要在日常的教养中正确引导孩子，积极培养孩子，尤其要让孩子分清楚轻重缓急，才能让孩子不犹豫、有魄力。

第四章 戒"拖"第二步：培养孩子的专注力

前文说过，没有耐心的孩子更容易表现出拖延的行为，同样的道理，没有专注力的孩子做事情也会拖拖拉拉的。父母应当有意识地培养孩子的专注力，这不仅有利于帮助孩子戒除拖延症，更有利于孩子的学习和成长。

为孩子营造良好的学习氛围

自从妹妹朵朵降生之后，姐姐天天在学习方面的专注力有所下降，晚上放学之后完成作业的时间一天比一天晚。尤其是朵朵刚出生的时候，因为妹妹总是哭闹，天天写作业时也总是三心二意的。

> 一直以来，天天在学习上都非常积极主动。这是怎么了？

有一天，老师打电话给妈妈："天天最近的作业完成情况很不好，接连几天都忘记了好几项作业。虽然天天才一年级，但是如果不能养成良好的学习习惯，对她以后的学习也会造成不好的影响。"听完老师的话，妈妈不禁觉得纳闷：一直以来天天在学习上都非常积极主动，这是怎么了呢？听到小女儿的哭声，妈妈一下子知道问题出在哪里了。

原来，自从小女儿出生之后，公婆来家里照顾妈妈和宝宝，再加上新生儿经常哭泣，因而家里的环境在无形中变得嘈杂了，所以以前在客厅里写作业的天天总会受到外界的干扰，写作业时难免会分心。思来想去妈妈决定把书桌搬进天天的房间，这样一来，天天就可以关上门，隔绝房间外的干扰。果然，重新拥有了良好的学习氛围，天天作业的完成情况恢复如常了。

环境对于孩子的学习有很大的影响，如果没有安静的环境，孩子便不能专心，也不能集中所有的精力来对待学习。其实不仅孩子如此，成人在做一件有难度的事情时往往也需要全神贯注，集中所有的心志，唯有如此才能把事情做好。比起成人，孩子的自制力和专注力原本就要差一些，所以更要帮助孩子营造良好的学习氛围，才有利于他们集中精神和注意力，全力以赴地学习。

学习是脑力活动，一旦思路被打断，孩子就会左顾右盼，无法全心全意地学习，就会变得越来越习惯拖延，学习效率大大降低。孩子在学校的学习环境父母自然不必担心，规律的作息时间、良好的课堂秩序、和谐的教学关系、浓郁的学习氛围，这些都为孩子专心学习提供了充分的条件。相比之下，家里的学习氛围对孩子来说就要自由散漫得多，虽说父母没必要在家里复制学校的环境，但至少要为孩子准备一个不受干扰的房间，让孩子可以全身心投入到学习中。

当然，为孩子营造良好的学习氛围不仅仅指为孩子准备一个单独的房间，父母言谈举止也会影响孩子。例如，有些父母特别喜欢看电视，在孩子写作业的时候他们总是边看电视边谈笑风生，这样一来哪怕孩子关门在房间里学习，也无法做到全心全意。还有的父母只许州官放火，不许百姓点灯，明明自己玩游戏，却禁止孩子玩游戏，哪怕孩子因为父母的权威不得不接受这样的安排，心里也会觉得愤愤不平。

"孟母三迁"的故事大家都耳熟能详，孟子家先是住在坟地附近，孟子就跟着别人筑坟墓、学哭拜；等到孟母把家搬到集市附近，孟子又模仿别人做起生意；直到孟母把家搬到了学堂附近，孟子每天听着其他孩子读书的声音，这才喜欢上了读书。这个故事发生在两千多年以前，给父母们的启发却延续至今。

在学校，身边的同学们都在学习，孩子自然也会跟着静下心来学习，而在家里要想让孩子爱读书，父母自己首先要爱读书。如果父母爱读书，孩子受到潜移默化的影响，也会变得热爱读书。书籍是人类精神的食粮，读书不仅可以帮助孩子获得更多的知识，也可以培养和提高孩子的专注能力，让孩子在学习上更加得心应手。

别以关心的名义打扰孩子

每天下午写作业的时候，都是佳佳最烦躁不安的时候。正在面临小升初的她学习压力很大，而妈妈比她更紧张。每天放学一回到家，佳佳就开始写作业，这时妈妈也开始照料她。例如，佳佳正在写作业的时候，妈妈会突然送来一杯牛奶，柔声细语地说："宝贝，喝杯牛奶吧，有助于恢复精力。"这时也许佳佳正在全神贯注地思考一道题目，被妈妈一打扰，吓一跳不说，还会扰乱思路。有的时候妈妈还会以送水果的名义坐在旁边陪着佳佳，当看到她放下笔开始凝神思考时，又会问："宝贝，是不是遇到难题了？妈妈能帮你吗？"或者看到佳佳书写的速度不够快，也会提醒佳佳："佳佳，你要抓紧时间哦，一会儿还要做语文的练习册呢！"就这样妈妈不停地在佳佳身边叮嘱，佳佳只得无奈地叹口气，放下笔。

妈妈不明所以，问佳佳："怎么了？累了吗？"佳佳无奈地说："妈妈，我不想喝牛奶也不想吃水果，如果我饿了，我自己会出去客厅吃的。你总是让我一会儿做这一会儿做那的，我怎么能静下心来认真写作业呢？每次我刚刚进入学习状态，你就进来，我不得不再次集中精力，这当然浪费时间，降低学习效率了。"已经读六年级的佳佳说起话来头头是道，妈妈也意识到她说得有道理，因而再也不在佳佳专心写作业的时候打扰她了。

在生活中大多数妈妈都犯过同样的错误，她们不一定会像佳佳的妈妈一样坐在旁边看着孩子写作业，时不时地开口问孩子是不是遇到了难题，但是她们一定给孩子送过牛奶、水果，还会盯着孩子喝完、吃完，再把空杯子、空盘子端走。当孩子对此表示抗议，要求妈妈别再打扰自己时，妈妈们常常觉得委屈，因为她们自认为是在关心孩子。有的妈妈还会声称自己只是静静地送吃的，一句话都没有说，类似的情况屡见不鲜。

父母需要明白的是，对于天生好动的孩子来说，专心致志做一件事是很难得的，哪怕突然被人叫一声名字，也会影响孩子的专注力，回过头来也很难一如既往、全身心地投入到某件事情了。所以父母千万不要以为给孩子送吃的、叫孩子吃饭、洗澡就不算打扰。

父母关心孩子的营养和健康无可非议，但也要寻找恰当的时机，比如，妈妈完全可以在房间外准备好水果和牛奶，让孩子在休息时间自己出来吃，吃饭和洗澡也不是非得每天都准时准点，偶尔晚一点也没什么关系。父母要有意识地保护孩子的专注力，做到孩子专心做事时不予打扰。

其实，不仅仅是读书、绘画这些活动，在生活中，当孩子专心做事情的时候，父母都要避免打扰他们。培养孩子的专注力要从小做起，例如一岁的孩子专心致志地自己吃饭，那么父母不要因为着急而坚持要喂孩子；两岁的孩子正在快乐地玩沙子，父母也不要因为急于离开就不停地催促孩子。

总而言之，对于孩子而言，一沙、一水、一世界，哪怕很小的事情也会吸引他们全身心投入。看到这样的情形，父母无须纳闷孩子为何会对无关紧要的事情那么投入，而是要安静地守候在一旁，千万不要打扰孩子。这样一来孩子的专注力会渐渐养成，他们做事的效率也能提高了。

引导孩子做喜欢并擅长的事情

父母虽然生养了孩子，却未必了解这个神奇的小生命。很小的孩子只需要满足基本的生理需求，随着孩子不断成长，他们的心理也渐渐成熟，越来越能够表现出自己独特的天赋和兴趣，显露出明显的喜好。在这个时候父母就要多观察，引导孩子发现自己擅长并且感兴趣的事情，帮助孩子确定发展的方向。

很多父母不由分说地给孩子报名参加各种兴趣班和课外补习班，殊不知孩子的成长是缓慢的，孩子的时间和精力更是有限的。对于孩子而言，如果被迫接受父母的安排，每天都忙碌地奔波于各种兴趣班和补习班之间，他们一定会觉得很苦闷。

人们常说，兴趣是最好的老师。当大多数父母都在抱怨孩子的成长很慢，而且自己对于孩子的付出没有得到预期的回报时，不如扪心自问："我真的知道孩子感兴趣并且擅长的事情是什么吗？"如果不解决这个问题，父母对孩子做的安排越多，越容易起到相反的效果——破坏孩子的专注力，使得孩子的发展受到阻碍，做事情也越来越拖延。明智的父母知道磨刀不误砍柴工，他们会花心思深入了解孩子，发掘孩子的潜能，从而促进孩子更好地成长。

　　西西刚刚上幼儿园大班，心急的妈妈就为她报名参加了好几个兴趣班。妈妈考虑到女孩子要体形好、有气质，因而为西西报名参加了舞蹈班；又觉得英语非常重要，所以给西西报了英语班；幼儿园里有戏剧表演这一特色课程，妈妈也不甘落后，给西西报了表演班。此外，因为西西从小体质较弱，所以妈妈还给她报了轮滑班。后来，妈妈听说孩子要在小时候养成良好的书写习惯，又给刚刚学会握笔的西西报了书法班。

　　就这样，从周一到周五，西西每天放学都不能回家，而是要跟随妈妈去上课。因为上课的地方距离幼儿园和家都很远，西西每天回家都已经很晚了，渐渐地，西西越来越无精打采。

　　就这样过了一个学期，西西非但没有在各门学科中表现良好，反而进步很慢。为此，西西总是伤心地哭泣，渐渐地也没有自信了，妈妈不由得心急起来，要是西西以后都对自己没有信心，那可就糟糕了。所以她经常有意识地鼓励西西，却收效甚微。

　　一个偶然的机会，妈妈和西西幼儿园的老师聊天时说起这件事，老师告诉妈妈："我听西西说她每天都去上兴趣班，那么你们知道西西真正喜欢的是什么吗？"妈妈摇摇头，老师说："我觉得你给孩子报名参加的兴趣班太多了，这样不但分散孩子的精力，而且孩子勉为其难去学习，一旦学不好就会失去自信。我倒是建议你重点培养西西舞蹈和绘画方面的特长，这是她喜欢而且擅长的，这样她很容易有收获，而且也不会觉得疲惫。"

　　老师的话启发了妈妈，她决定按照老师说的调整西西的兴趣班。果不其然，在只剩下自己喜欢的舞蹈班和绘画班之后，西西明显变得开朗起来了。放学之后她迫不及待和妈妈一起赶往上课的地方，而且不管学会什么舞蹈，或者又画了新的作品，回家之后都会展示给爸爸妈妈看。看到西西的改变，妈妈高兴极了。

　　如今，很多父母都会给孩子报各种兴趣班，已经完全违背了兴趣班的初衷，即从孩子的兴趣出发。父母作为孩子的第一任老师，作为与孩子朝夕相处的人，要深入了解孩子的兴趣爱好，知道孩子在哪些方面擅长，才能使孩子得到更好的发展。

　　如今享誉世界的钢琴王子郎朗，他的父亲在他三岁时就发现了他在音乐方面的超凡天分与独特兴趣，对他悉心培养，付出了一生的心血，终于造就了这位音乐才子。郎爸后来成为中央音乐学院很多家长的榜样，也成了千千万万普通家长效仿的对象。

学钢琴热一直持续到现在，家长们纷纷把自己的孩子送入琴行，每天埋头苦弹。然而实际上，几百万个琴童里才出一个钢琴家，剩下的孩子里有很大一部分本身并不喜欢甚至痛恨学钢琴，还有些孩子连老师都说没有天赋，他们的父母却硬逼着他们去学。这样一来非但钢琴没学好，父母还很有可能耽误了孩子真正喜欢和擅长的事情。

就像事例中西西的妈妈一样，在老师的提醒下她终于发现了西西真正的兴趣所在，取消其他不必要的兴趣班，把时间、精力集中在一两个班，尤其是西西自己喜欢的舞蹈班和绘画班上，西西将来很有可能获得成功。道理很简单，正所谓术业有专攻，当一个人想要面面俱到时，注定了这个人什么也做不好，而对于自己感兴趣的事情孩子哪怕付出辛苦也会很高兴，对于自己擅长的事情，孩子更容易获得成就，从而得到激励、充满信心。

很多看似偶然的成功背后隐藏着很多的付出和用心。明智的父母会引导孩子做自己感兴趣且擅长的事情，并且为孩子提供更多的便利条件，从而最大限度帮助孩子发掘自身的潜能。

充分信任，给孩子自由的空间

一到周末，果果就觉得自己忙得分身乏术。为了帮助果果冲刺重点初中，妈妈从五年级开始就给果果制订了周密的学习计划。大多数同学都盼着周末的到来，因为可以放松休息，但是果果却觉得周末更让他心力交瘁，甚至还不如在学校里上课轻松呢。原来，果果周末两天没有片刻休息的时间，要接连跑好几个地方上课，这使得他连完成学校的作业都很难，更别说抽出时间来做自己喜欢的事情了。

果果特别喜欢看书和写作，他的作文还在市级比赛上获过奖项呢。一天晚上，果果写完作业后看了一会儿课外书，突然有了灵感，便打开电脑想写一篇文章。妈妈回家后，以为果果是在玩电脑，气得火冒三丈，当即拔掉了电脑的电源线，因为文档还没来得及保存，果果又委屈又生气，母子二人为此大吵一架，果果宣称自己再也不去上课外班了。听到果果的话，妈妈也万分委屈："你知道课外班的学费多少钱吗？我把辛苦挣来的钱都给你花了，你还埋怨我？"就这样母子二人谁也不理谁，陷入了冷战中。

几天之后爸爸出差回来了，得知事情的原委后，便劝妈妈道："要是让你接连上几个月的班不休息你会怎么样？"妈妈当即表示："我会把老板炒鱿鱼的。"听了妈妈的回答，爸爸富有深意地笑了："那你觉得果果连续一个月没休息，他会怎么样？他还是个孩子啊。"爸爸的这句话让妈妈哑口无言。爸爸继续劝说："只要孩子的学习成绩能够保持稳定，我们就可以让他有更多时间做他喜欢的事情。他爱写作你就让他写，这样还能提高他的语文成绩，何乐而不为呢？"

　　妈妈陷入沉思，良久才点点头，说："好吧，但是我必须给他规定好时间，不能由着他折腾。"就这样在爸爸的启发下，妈妈规定果果每个周末有半天的时间可以自由安排，玩也好，写文章也好，她都不干涉。如此一来，果果与妈妈的关系也缓和了。

　　父母恨不得孩子除了吃饭、睡觉以外，把剩下的时间和心思都用在学习上，生怕浪费了一分钟自己的孩子就会被别人比下去。实际上，这对于孩子而言是不可能的事情。一个孩子哪怕再优秀，也不可能如同机器人一样完全执行父母的指令。随着年岁渐长，他们越来越有主见，越来越不愿意接受父母的安排。在这种情况下父母不能一味地把孩子当成自己的私有财产，把自己的意志强加给孩子。孩子也有孩子的人生，父母可以尽量为孩子创造好的条件，帮助孩子成长，但是不能主宰孩子，更不能代替孩子做人生中的各种选择。

　　父母累，其实孩子更累。学习固然是为了孩子好，但是父母也要多多考虑孩子的实际情况，从而体谅和理解孩子。哪怕是成人，在生活和工作的重重压力下也经常会放下手里的麻烦事，做自己喜欢的事情，从而让自己的心情轻松愉悦。

　　对于孩子而言，学习并不比工作轻松，而且学习的过程是不断接受新知识、面临新挑战的过程，所以孩子必然也承受着巨大的压力。在这种情况下，父母不应该一味地给孩子施加压力，尤其是在孩子已经很乖巧懂事的情况下，更要给予孩子信任、时间和空间，让他们做自己喜欢的事情，得到片刻的放松。

很多父母常常觉得孩子因为忙于兴趣，导致用于学习的时间变少，甚至影响学习。其实不然，凡事皆有度，只要不过度，业余爱好非但不会影响孩子学习，还会使孩子在充分休息之后提升学习效率。所以明智的父母不会杞人忧天，他们知道时间成本与学习成果并不成正比，只要帮助孩子制订合理的学习和休息计划，让孩子在该学习的时间段内做到全神贯注，这比时时刻刻趴在桌上学习要有效得多。

益智游戏，锻炼孩子的耐心和专注力

相信很多父母都害怕孩子玩游戏，不能用心学习、看书，但其实有很多游戏是非常有益的。孩子的天性就是喜欢玩，如果在这个时候不玩，那以后可以玩的时间会越来越短，而且很多益智游戏，不但能锻炼孩子的耐心，还能培养孩子的专注力，比如玩魔方等。当然很多东西都是过犹不及的，所以父母引导孩子要把握好度，选择恰当的时间来玩。

值得一提的是，当父母看到孩子全神投入益智游戏时，一定要尊重孩子，保护孩子的专注力，不管是要出门、吃饭还是写作业，都不要随意打扰孩子。

正在读小学四年级的小宇，自从过生日收到魔方礼物之后，就彻底迷上了玩魔方。他正处于思维快速发展的阶段，又勤于思考，他对魔方的热爱可以说是一发而不可收拾，每天完成老师布置的作业后，他都要拿出自己的魔方来玩。

一个周末，家里来了客人，妈妈做好饭之后便招呼大家上桌吃饭。这个时候小宇已经钻研魔方一个小时了，正玩得投入呢，妈妈担心客人久等，又觉得不让小宇上桌似乎有些不尊重客人，所以就一而再、再而三地催促小宇。小宇不为所动，一直坐在那里玩魔方，妈妈着急了，喊道："小宇，客人都在等你呢！"小宇被催得着急了，因而喊道："你们吃吧，我不吃了！"妈妈很生气，边摆放碗筷，边对客人说："这个孩子最近玩魔方入迷了，太不懂礼貌了，我们吃，别管他了。"

客人听了，赶紧阻止妈妈再去喊小宇："嫂子，你要是不介意，咱们就再等等，等他玩完了再开饭。"妈妈生气地说："不能这么惯着他，简直无法无天了！"客人又说："嫂子，你可能不知道，魔方是个非常好的益智玩具，对培养孩子的专注力和空间感都特别好。孩子正投入呢，如果你总是喊他，强迫他停止，会损害他的专注力，也会使他的思维受到影响。我倒是建议你，不管是吃饭还是写作业，都不要打扰他。让孩子变得更投入、更专注，这对他的学习是非常有好处的。等他玩够了，吃完饭后，你再耐心和他谈谈，就算是玩益智游戏也应该要有个度。"

妈妈这才恍然大悟："你不说我还真不知道，原来玩魔方有这么大好处呀！待会等你们走了，他玩够了，我再和他聊。告诉他在什么时间就要做什么事，虽然玩魔方是件好事，但是过度了，反而变成了坏事。"客人又说："专注力和思维能力欠缺的孩子，根本不可能玩这么久，所以你该感到高兴，小宇是个非常聪明的孩子，也很有耐性和专注力。相信你和他说清楚利害关系，他会明白的。"

正如事例中的客人所说，玩魔方能培养孩子的专注力，也能提高孩子的空间思维能力。实际上玩魔方的好处远远不止这些，千变万化的方块颜色和位置，需要用眼睛仔细观察、辨别，这就锻炼了孩子的眼力；旋转魔方时需要双手并用，这就锻炼了手的灵活性和协调性；刚开始玩的时候，要花很长的时间研究和琢磨，这就锻炼了孩子的耐心；等熟练到一定程度，不但要转出来，还要在最短的时间内转出来，这就锻炼了孩子的反应能力。玩魔方可以给孩子带来的益处非常多，诸如此类的游戏还有积木、拼图、棋类等。

孩子全身心投入地做很多事情时，都是在培养和提升自己的耐心和专注力。急脾气的父母尤其要注意，不要觉得一声令下，孩子就要马上响应并且采取行动，这是机器人的表现，而不是孩子的。如今，有很多父母都抱怨自己的孩子做事情三心二意，没有耐心，殊不知孩子是在自发形成专注力的过程中遭到了打扰，长此以往，等到父母要求他们形成专注力时就很难了。

跟孩子一起玩主题游戏

俊俊是一个特别缺乏专注力的孩子，已经读幼儿园大班的他很快就要读一年级了。看到俊俊吃饭时总是时而跑去玩耍，时而看一会儿电视，妈妈很发愁。作为老师的她很清楚，如果孩子注意力不集中，那么上学之后就无法专心听老师讲课，必然会导致学习效率低下。

如何才能培养俊俊的专注力呢？妈妈意识到这是一个迫在眉睫的问题。为此，妈妈特意找到一位儿童心理专家咨询。在得知俊俊的情况之后，专家给了妈妈很多建议，妈妈结合俊俊的情况选择了最合适的一种方式——玩主题游戏。

孩子的天性就是爱玩游戏，因而当妈妈提出要和俊俊一起玩游戏时，俊俊马上欢呼雀跃。妈妈拿出一盒卡片，上面是各种各样的动物和植物。妈妈依次把卡片贴在自己头上的发带上，画面内容朝着俊俊，让他进行描述，自己据此猜出卡片上的内容。果然，俊俊很喜欢这个游戏，一开始他每次只能坚持十分钟左右，渐渐地，随着他的描述越来越生动，与妈妈的配合也越来越默契，他居然能坚持二十分钟了。妈妈看到俊俊的改变很高兴。后来，当俊俊对猜卡片游戏渐渐失去兴趣时，妈妈又找到新的主题游戏和他一起玩耍。

无疑，对于缺乏专注力的孩子而言，如果一开始就让他们单独专心致志地做某件事情，他们一定会感到枯燥乏味，也无法坚持下去。采取玩主题游戏的方式，能够激发起孩子的兴趣，使他们全心投入。渐渐地，在玩主题游戏的过程中，孩子就会变得越来越专注。

这里介绍几个有助于提升孩子专注力的主题游戏：第一，乒乓球干扰游戏。让孩子把乒乓球放在球拍上，绕着桌子走一圈，要求乒乓球不能中途掉下来。父母在旁边故意捣乱，手舞足蹈或者大声说笑，但是不能碰到孩子的身体。第二，拣豆子游戏。把几种五谷杂粮，比如黄豆、红豆、绿豆、黑豆装到一个大盆里，让孩子分门别类地装到几个小盆里，挑拣完毕后还能放在一起做成五谷豆浆，好玩又不浪费粮食。第三，开火车游戏。父母和孩子，或者再加上其他人围成一圈，每人报一个站名，通过语言来开火车，比如爸爸是北京站，妈妈是上海站，孩子是广州站，爸爸拍手喊："北京的火车就要开了。"大家一起拍手问："往哪开？"爸爸再拍手喊："往广州开。"孩子就得马上接着说："广州的火车就要开了。"大家又拍手问："往哪开？"以此类推。

当然，父母还应具体情况具体对待。毕竟每个生命都是世界上独一无二的个体，父母只有尊重孩子的个性才能因材施教，有针对性地引导孩子更加专注。在选择主题游戏的时候父母也不要一味地考虑游戏的益智性，饭要一口一口地吃，养育孩子更是急不得。对于专注力差的孩子，父母可以更多地注重游戏的趣味性，逐步提升孩子的专注力。

培养孩子的观察力，学习辨识相似物异同

最近，周周所在的幼儿园开展了培养孩子观察力的试点实验。每天上课过程中，老师都会抽出二十分钟的时间，和孩子们一起做视觉区辨游戏。

今天老师让孩子们把鞋子脱掉，摆放在一起，然后让孩子们找出自己的鞋子，并且说出自己鞋子的特征。有的时候老师还会在课上展示两张相似度很高的图片，让孩子们找到图片中的不同之处。有些孩子观察力很敏锐，总是能够找出不同；有些孩子则观察力比较差，无法看出相似事物之间细微的差别。经过一段时间训练后，孩子们的辨识能力都有所提升。

周末在家，妈妈拿出两块蛋糕分给周周和哥哥吃。周周一眼就看到两人的蛋糕上都画着小熊，区别在于自己的小熊头上有花，而哥哥的小熊没有。为此，周周高兴地喊道："我的小熊是女孩，哥哥的小熊是男

孩。"说完，周周就开开心心地吃蛋糕了。周周的观察力不仅表现在生活中，随着观察力的增强，在对着图画书讲故事的时候，她的语言也明显变得丰富起来。她捧着图画书绘声绘色地讲故事，简直太可爱了。

观察力是指大脑对事物的观察能力。观察力是结合了视、听、嗅、味、触多种感知的综合能力，本文以视觉方面的观察力为例，着重讲视觉区辨游戏。实际上，孩子观察的过程就是专注的过程。所以，父母与其抱怨孩子做事情三心二意，不如尝试从提升孩子的观察力入手，培养和提升孩子的专注力。尤其是在事物相似程度很高的情况下，孩子更要全身心投入，逐一比较和分析才能找到事物的不同之处。

事例中列举的是对幼童观察力的培养，对于年龄大一些的孩子，进行视觉区辨游戏有很多方式可以采用。例如，对于上小学的孩子，可以让他们在书桌上寻找被遮盖的铅笔或者橡皮，或者引导他们辨识黑板上被擦掉一半的板书。总而言之，孩子必须具有敏锐的观察力和一定的思维和推理能力，才能完成更高一层的视觉区辨游戏。当然，任何游戏的效果都不会立竿见影，父母教养孩子一定要有耐心，持之以恒，才能积沙成塔。

也许有些父母会说自己平日里工作比较忙，根本没有时间带着孩子做游戏。古人云，"处处留心皆学问"。其实视觉区辨游戏随时随地都能进行，完全无须专门抽出时间来。在日常生活中、在接送孩子上学放学的路上、在带孩子出去玩的过程中，都可以随时对地和孩子一起玩。比如，吃饭的时候让孩子比较白菜和菠菜有什么不同之处；让孩子观察不同季节的山、水、植物，秋天杨柳树枯黄，叶子掉落，松柏却还是绿色的；带孩子到一个景点旅游，让孩子指认哪些东西的颜色是相同的。总之，父母只要时时把对孩子的教养放在心上，相信孩子的观察力肯定能得到提升。

第五章　戒"拖"第三步：帮助孩子提升自信心

　　孩子迟迟不肯做一件事，很多时候是因为对自己缺乏信心，不知道该怎么做，或者觉得自己做不到，害怕、犹豫、纠结，不知不觉就拖到了不得不做的最后时刻。父母必须尽可能帮助孩子构建健康强大的内心，让他们充满自信地面对一切，勇敢地付出实际行动。

给予孩子更多的鼓励，坦然面对失败和磨难

　　林林和森森是一对双胞胎兄弟。爸爸负责工作赚钱养家，妈妈则负责在家教养他们兄弟二人，照顾好全家人的生活起居。就这样，爸爸的工作越来越忙，而妈妈每天在家里也没闲着，不是做家务，就是接送他们上幼儿园。于是，爸爸妈妈盼望着他们能够独立一些。

　　终于，两个孩子都从幼儿园毕业了，也度过了小学时期的新生适应阶段。三年级之初，妈妈就决定要培养他们独立自主的能力，很多孩子还是由父母或者爷爷奶奶接送，她却让两个孩子自己上学放学，独立完成作业。第一天，勇敢的森森戴着妈妈新买的儿童定位手表，早早地就雄赳赳气昂昂地出门了；而林林呢，虽然是哥哥却很胆小，根本不敢自己出门。整个早晨，他都在磨磨蹭蹭，不是说自己肚子疼要去厕所，就是说自己还没吃饱要吃饭。后来，看到森森独自出发了，他意识到自己连伙伴都没有了，又担心上学迟到被老师批评，着急地哭了起来。

　　妈妈不停地催促林林，还抱怨他做事情太磨蹭。爸爸发现了林林的异常，意识到他也许是因为害怕，因而制止了妈妈的抱怨，耐心地向林林解释儿童定位手表的用法。在爸爸不断地鼓励下，林林终于鼓起勇气走出了家门。一路上，暗中尾随的爸爸发现林林犹如受到惊吓的小鹿，不时地回头张望。直到看到林林顺利进入校园，爸爸终于松了一口气。

　　在这个事例中，林林之所以拖延着不肯出门上学就是因为缺乏自信。当然，对于才上小学的孩子而言，胆小是在所难免的，因为从来没有自己一个人上过学，林林害怕独自面对外面的世界。在这种情况下，妈妈一味地催促，不但起不到预期的作用，反而使林林更加紧张，更加无法勇敢地迈出家门。幸好爸爸非常细心，发现了林林的异常，也意识到他是因为没有信心才导致上学拖延的，所以爸爸首先告诉林林儿童定位手表的用法，给他更多的安全感，再耐心鼓励林林，帮助他建立自信。这样一来林林才鼓起信心和勇气，迈出独自去学校的第一步。

就算是成人也会面临缺乏自信的情况。孩子与成人的区别就在于，成人能够意识到自己缺乏自信，因而有意识地提升自信，给自己加油打气，而孩子的自我意识还比较差，往往不知道问题的症结在哪里，所以他们总是胆小怯懦，在面对学习以及人生中的很多第一次时表现出畏缩。分析之后，我们会发现孩子之所以"不敢"，一则是畏难；二则是害怕改变。要想从根本上解决这个问题，不但要让孩子认识到自身的实力，还要把结果告诉孩子，帮助孩子坦然迎接生活中的改变。

每次看到孩子退缩，有的父母马上就声色俱厉地要求孩子必须勇敢面对，殊不知孩子的勇敢不是被逼出来的，唯有发自内心愿意面对问题，他们才会真正变得勇敢起来。父母首先要找到孩子畏惧和抵触情绪背后的真实原因。也许有些父母会说，有压力才有动力，这句话没错，是不是适合小学生或中学生？是否适合现阶段的自家孩子？世界的道理那么多，适合自己孩子的还需要父母用心挑选，以期因人制宜，因材施教，千万不可以生搬硬套，削足适履，更不可以把孩子当试验田，随意灌溉。

正所谓不经历风雨怎能见彩虹，除了鼓励孩子，给予孩子信心和支持之外，父母还可以有意识地让孩子遭受失败的磨难。很多孩子之所以恐惧，不仅仅是害怕不能取得成功，也害怕无法面对失败，无法承受失败的后果。在这种情况下，首先父母要端正心态，不要总是翼护着孩子，让孩子像温室里的花朵一样不经受任何风吹雨打。孩子需要不断地经受各种历练和磨难才能坦然面对成功与失败这种生活常态，这样在人生的道路上他们才不会因为偶然的失败而退缩。

帮助孩子战胜恐惧，正确认识自然和生活现象

恐惧是人在面临并企图摆脱某种危险情境而又无能为力时产生的情绪体验。恐惧是人性的弱点之一。伴随恐惧而来的往往是自信的消弭，于是心生恐惧的人常常会产生缩回或逃避的行为。

不仅成人会恐惧，就算是初生牛犊不怕虎的孩子们，也常常陷入恐惧。从心理学的角度而言，恐惧是不分年龄、性别的，只不过孩子因为小，对世界和人生认知不足，无法准确清晰地意识到恐惧的存在，也不知道如何战胜和消除恐惧，只是出自本能地表现出犹豫和拖延。

得知奶奶去世的消息，一年级的布丁看着爸爸妈妈都在收拾东西赶回家，她却呆呆地坐在沙发上，不愿意收拾自己的衣服。妈妈着急地催促："布丁，你要快一点呀，要不然就赶不上飞机了。"布丁看着妈妈，还是一脸懵懂，直到妈妈再三催促，她才说："妈妈，我能不能不回家

呢？"妈妈大吃一惊："奶奶去世了，你当然要回去，你不记得奶奶多疼你了吗？"布丁依然说："但是，妈妈……"看到她欲言又止的样子，妈妈又催促，布丁说："人死了会变成僵尸吗？会变成吸血鬼吗？"爸爸一下子意识到布丁在担心什么，因而说："宝贝，人死是不能复生的，电视上和图画书上说的都是假的。再说奶奶怎么会吓唬她最疼爱的孙女。"爸爸的话让布丁稍微放心些了，布丁这才开始收拾衣服。

对于才一年级的孩子而言，布丁显然还无法正确地理解生死的意义，所以她才会担心奶奶死后变成僵尸或者吸血鬼。因为不了解死亡，死亡对于孩子来说完全是未知的，所以恐惧也就变得更加深重。幸好爸爸及时了解了布丁的心理情况，马上展开安抚，解答了布丁心中的疑惑，才减轻了她的恐惧感。

在确定是恐惧导致的拖延之后，就要努力帮助孩子战胜恐惧。首先要鼓励孩子主动和父母交流，引导孩子开诚布公地说出心中的困惑和担忧。对于语言表达能力还不完善的低龄儿童，父母还要安抚孩子的情绪，用孩子的逻辑思考问题，从他们的只言片语中发掘出令他们害怕的东西。孩子恐惧的来源有很多，比如自然界的雷鸣、闪电、暴雨，电视或电影里出现的恐怖镜头。在明确了根源后，父母就要采取相应的措施帮助孩子消除恐惧，其中最好的方法就是传授科学知识，教孩子正确认识各种自然和生活现象。当孩子足够了解世界，自信可以安全地去做某些事的时候，他们自然不会再逃避和拖延。

父母还需要注意的一点是，对于小孩子表现出来的恐惧，他们会理所当然地进行安抚，而面对年龄大一点的孩子表达自己的恐惧心理，父母往往就没那么有耐心了，甚至还会嘲笑、责骂孩子，这是绝对不可取的。例如，一个已经上六年级的男孩，在上游泳课时始终不肯下水，老师的劝说、父母的责令都不管用。原来，他在小时候看过一部电影，电影里有一条鲨鱼游进了游泳池，并且咬伤了人，从此他便对游泳池产生了难以克服的恐惧。为人父母一定要谨记，孩子形成恐惧心理都不是毫无缘由的，千万不要因为孩子大了就简单粗暴地去压制孩子的恐惧感。

别因为拖延伤了孩子的自尊心

宁宁也许是因为从小耳濡目染爸爸做事拖沓，所以也养成了拖延的坏习惯，不管做什么事情都磨磨蹭蹭。为了改变宁宁的拖延行为，妈妈不知道提醒了他多少遍做事要干脆果断，不要拖泥带水，但是已经读小学五年级的宁宁就是改不了，做事情还是慢慢吞吞的。

在国庆长假到来之前，妈妈就订好了高铁票，打算一家三口去上海玩。北京到上海要5个多小时，为了赶在下午之前到达，妈妈买的票是早晨7点的。为此，爸爸妈妈5点就起床了，也叫醒了宁宁。宁宁却因为困倦，赖在床上不愿意起来，直到半个小时以后爸爸妈妈都洗漱好准备出发了，他才睡眼惺忪地起床。在赶往车站的过程中，宁宁走得很慢，根本不愿意加快脚步。眼看着时间越来越紧张，爸爸不得不拖着他加快速度往前走。即便如此，到达高铁站的时候也还是晚了几分钟。妈妈很生气，批评宁宁做事太磨蹭，又顺带着对爸爸抱怨了一通。宁宁原本因为去上海的计划泡汤了已经觉得很沮丧了，现在又被妈妈数落一通，生气地喊道："我就是个拖拉鬼，要不你看谁不拖拉，就找谁当儿子吧！"宁宁的话让妈妈哑口无言。之后一天的时间里，宁宁都不理妈妈，而且做事还故意拖延，简直让妈妈抓狂。

自信心是自尊心的基础。如果缺乏自信而硬要维护自尊，这种自尊往往是脆弱的，因为它缺乏能力的支持。如一个人没有能力解决问题，但又不愿意承认自己不行，如果有人随意提起，甚至以此为理由打击他，他的自尊心就极易受到伤害。显然，妈妈在高铁站当着很多人的面批评宁宁的行为，伤害了宁宁的自尊心。对于一个已经读五年级的大男孩而言，宁宁何尝意识不到自己拖延的毛病？说不定他自己也正苦恼，不知道该怎么办呢。偏偏这个时候，妈妈毫不留情地指出了他的缺点，戳中了他的痛处，激起了他更为强烈的叛逆心理。

既然事情已经发生，高铁也已经开走了，那么再当众责骂孩子显然是不合时宜的。如果妈妈能够理智处理，让宁宁自己反思，并在之后设法改善拖延的状况，相信宁宁就不会情绪失控，并且变本加厉地和父母对着干了。

父母作为孩子最信任的人，更要时时处处尊重孩子。孩子拖延固然使父母着急，但父母也要采取合适的方法才能有效帮助孩子戒除拖延症，提高效率。

别让标签摧毁孩子的自信心

奇奇的爸爸妈妈都是急性子，因而做什么事都慢吞吞的奇奇在爸爸妈妈的眼中，理所当然地成了拖延症患者。刚开始时，奇奇听到爸爸妈妈抱怨自己做事慢，还能有意识地加快速度，然而随着被说的次数越来越多，渐渐地，奇奇也就不愿意加快速度了。有的时候，爸爸说奇奇太慢，奇奇便自暴自弃地说："我有拖延症啊，你又不是不知道！"爸爸一时也不知道该说什么了。

有一次，妈妈在大学同学群里说起了孩子拖延的问题。妈妈是师范院校毕业的，虽然后来改行做了其他工作，但是她的很多大学同学依然是老师，所以她想向大家咨询一下孩子的拖延行为到底是因什么引起的。

正当妈妈和几个同学讨论激烈时，有个同学突然问妈妈："雅文，你的性格还是那么急吗？"妈妈回答说："是。"那个同学说："雅文啊，你不要以你的做事速度去衡量孩子的做事速度，本身孩子就没有成人快。你又是个急脾气，凡事都风风火火地去做，孩子怎么可能跟得上你的节奏呢?!"

妈妈沉默了，那位同学接着说："你如果总是以自己的速度衡量孩子，又总是否定孩子，说孩子拖拉，孩子逐渐就会对自己形成错误的认知，觉得自己做事就是拖拉的。这样一来他哪里还有信心呢？千万不要给孩子贴标签啊！"妈妈陷入沉思，仔细想想这位同学说得很有道理。作为父母他们既没有照顾到孩子的速度，也没有避免给孩子贴标签，难怪孩子近来有自暴自弃的趋势，拖延症越来越严重了呢！

罗马不是一天建成的，孩子的拖延问题也不是从第一天开始就非常严重的。大多数父母刚开始都只是发现孩子做事有点慢，或者说达不到自己要求的速度，这时如果父母因为心急就催促孩子，还总是抱怨孩子拖拉，那么渐渐地孩子做事的速度非但不会加快，反而会越来越慢，最终变成真正的拖延症。不得不说，在孩子的"病情加重"上，父母起了推波助澜的作用，然而大多数父母是意识不到这一点的。

当一个人被贴上标签时，会做出自我印象管理，使自己的行为与所贴的标签内容相一致，这就是"标签效应"。这就好像医生看病一样，有经验的医生会设法安抚病人，向他们传达"你的病不严重，很容易治好"的积极讯息，哪怕治疗中实际上没什么进展，他们也会鼓励病人充满信心；而一个糟糕的医生则会皱着眉、摇着头说："治疗不见效，你的病情还是很严重。"甚至可能夸大其词，说得好像不治之症一样，不断打击病人的信心。事例中的奇奇因为不断地被父母说成是拖延症患者，便开始自暴自弃了，认为自己就是有拖延症，就是快不了，这和"放弃治疗"有什么区别呢？

孩子的潜力是无穷的，他们可以往好的方向发展，也可能往坏的方向发展，同时孩子的内心又是脆弱的，极易受到成人的暗示和引导，尤其这个成人还是最亲密、最信赖的父母。父母一定要注意千万不要给孩子贴上负面标签，只有保护好孩子的自信心，让他们对自己有一个积极的认知，他们才会主动面对拖延问题，而不是消极逃避或是自暴自弃。

善用赞美和鼓励的力量

　　不只贴标签会打击孩子的自信心，现实中许多父母一旦发现孩子做的不能使他们满意，就会不停地指责和抱怨，孩子会越来越觉得窒息，甚至产生"无能感"，对自己失去信心，行为也出现倒退。因而出现了一种奇怪的现象，即父母对孩子要求越高，越是看不惯孩子，孩子就越是拖延。

　　那么怎样才能提高孩子的自信心呢？如果父母能够换一个角度，当孩子完成对他们来说比较难的某件事情时能够给予积极肯定，例如"这本名著非常厚，你能在这么短的时间内读完真不容易""你小小年纪就能自己铺床了，比妈妈小时候厉害多了"等。这些话对于成人而言也许并不值得重视，但是对于孩子而言，却能够使他们接收到父母的积极讯息，从而拥有自信，主动做事，不再拖延。

　　这又是什么原因呢？其实，心理学上有一个著名的皮格马利翁效应，也就是期望效应：一位有影响力的人物对个体的由衷赞赏和认可，会极大地提升个体的自信心，使个体向着优于一般表现的方向发展。这个期望出现在学校里就是"教师期望"，出现在职场上就是"主管期望"，而在家庭中，这个期望来自于父母。

美国现代成人教育之父卡耐基很小的时候母亲就去世了，因为缺乏管束，他成了公认的坏男孩。9岁的时候他有了一位继母，第一天父亲就指着卡耐基告诉她："他可是全镇最坏的男孩，简直叫人防不胜防。"然而，继母却走到卡耐基面前，摸着他的头，温柔地说道："他不是全镇最坏的男孩，而是最快乐、最聪明的男孩。"这句话成了少年卡耐基激励自己的动力，多年后他成了享誉世界的成功学大师。

德国教育学家第斯多惠也说过："教学艺术的本质不在于传授本领，而在于激励、唤醒、鼓舞。"当父母期望孩子朝着特定的方向发展，那么最好的方法就是积极按照所期望的样子去夸赞孩子，给予孩子良性的、积极的心理暗示，孩子就会对自己充满信心，努力使自己符合被期望的样子，这与上一节的"标签效应"恰好相反。

同样的道理，当面对孩子的拖延，父母要做的第一件事不是抱怨，而是对孩子充满信心，多鼓励、夸奖孩子。在教育过程中，应该被放大和强调的是孩子的优点和进步，而不是缺点和不足。

一直以来源源的表现都不错，别人都说他是个乖巧懂事的孩子，老师也认为他在学习上比较主动。然而，每当源源取得好成绩，喜滋滋地回家向爸爸妈妈报告，爸爸还能肯定源源，妈妈却总是当即就提出更高的要求："不要骄傲哦，班级里还有很多同学比你更优秀。你要把目标定得更高一些，才能在学习上取得更大的进步。"虽然妈妈也是在肯定源源，但是源源总觉得不管他怎么努力，妈妈都不能真心地认可和赞赏他。渐渐地，他在对待学习上变得越来越不在意，有事能拖就拖，再也不积极主动了。

期中考试源源的成绩退步了很多，看到成绩单的那一刻妈妈很惊讶，等到家长会散会，她马上拿着成绩单去找老师沟通。老师纳闷地说："我也很奇怪。以前他很积极主动，现在却对学习不上心，而且对于学习成绩也不在乎。你们家里最近发生了什么事情吗？"妈妈疑惑地说："没有啊，前段时间他拿着月考成绩回家，我还告诉他要继续努力、再接再厉呢！"老师似乎意识到了什么，接着问妈妈："你表扬他了吗？"妈妈说："没有表扬，不过他爸爸表扬了。我怕他骄傲，就叮嘱他要更努力、更上进。"老师想了想说："源源妈妈，你要学会先表扬孩子，再对孩子提出更高的要求，孩子心思简单，特别希望得到表扬，虽然源源已经上五年级了但也还是个孩子。如果你在他进步的时候不认可他，也许他会觉得自己做什么都毫无意义呢！"

老师的话使妈妈恍然大悟，回到家之后，虽然源源考试成绩有所下滑，她还是没有批评源源，反而夸源源是一个勇于战胜困难的小朋友，下次肯定可以取得好成绩。妈妈明显看到源源的眼睛里闪烁着光辉，似乎整个人都兴奋起来了。

源源就是因为始终没有如愿以偿地得到妈妈的认可和赞许，对于学习才一改积极主动的常态，变得拖延、消极，似乎没有信心在学习上取得更大的进步了。老师说得很对，每个孩子都渴望得到父母的认可和赞许，更何况源源一直以来都乖巧懂事、成绩优异，尽管爸爸对他表示了肯定，但对于总是对他提出更高要求的妈妈的意见，他似乎看得更重。幸好老师一语惊醒妈妈，使她意识到源源需要得到表扬，他才能继续对学习充满热情，斗志昂扬。

父母要学会善用赞美和鼓励的力量，但是要注意两点：第一，期望值要适中，要符合孩子的实际水平，设定在孩子通过努力可以达到的范围内，否则期待值过高或过低都会打消孩子的积极性。比如孩子原来三个小时才能完成作业，那么父母就应该把期待值定在两个半小时，而不是一个小时。第二，谨防虚伪、夸张的赞美，表扬孩子一定要建立在已有成绩的基础上。如果孩子的画明明画得很差，父母为了不让他丧失信心，就颠倒是非地夸他画得好，这样非但达不到鼓励的效果，反而会导致孩子盲目骄傲，甚至歪曲认知，以后都不能客观理性地认识和评价自己。

陪孩子一起攻克难关，增强信心

自信心不是铜墙铁壁，不是一旦建立起来就坚不可摧的。成人在工作、生活中遇到重大打击和变故，尚且会灰心丧气，甚至一蹶不振，更何况是孩子呢？对孩子来说，他们的人生刚刚起步，成长道路总是会磕磕绊绊的，遭遇挫折和失败在所难免。每当困难来临，就是他们的自信心受到考验的时刻。在这种情况下有的父母忧心忡忡，但自己又不能替孩子渡过成长的难关，实在不知道该怎么办才好；有的父母则漠不关心，觉得每个孩子都是这么过来的，没什么大不了的；还有的父母急不可耐，开始责骂、挖苦孩子。显然，这些态度都是不对的，父母最应该做的就是陪伴孩子直面困难，一起克服困难，从而增强孩子的信心。

晨晨的爸爸妈妈都是知识分子，家里的书架上总是摆满了各式各样的书。在家庭环境的熏陶下，晨晨从小养成了爱读书的好习惯，而且阅读范围十分广泛，无论是文学、艺术、历史，还是地理等方面的书，他都看得津津有味。爸爸妈妈觉得他读过那么多书，理所当然地认为他写作文应该也很不错，实际上晨晨的作文的确写得不错，但是一到要在课堂上写作他就犯了难，迟迟不肯动笔，别的同学都能在规定时间里写完，他却要比别人多花一倍的时间。

这天下午最后一节课，老师让大家写一篇命题作文，名字叫《我的家乡》，其他同学都认真地写了起来，可是半节课过去了，晨晨握着笔没动一下。老师发现后走过去提醒他，晨晨这才写了几个字，可没过一会儿又不写了。下课铃一响，同学们纷纷上交作文，只有晨晨没交，老师过去一看，发现他的作文纸上依旧只有几个字。放学的时候，老师找到了晨晨妈妈，和她说了这一情况。老师让晨晨先跟妈妈回家，把作文带回去重写，明天再交上来。

晚上，爸爸让晨晨口头描述一下自己的家乡，发现他说得头头是道，可一提笔就不会写了。爸爸这才发现原来晨晨是怕自己写得不好，所以才一拖再拖。于是爸爸鼓励晨晨说："你刚才说得就很好，不要怕出错，心里想什么就写什么。"晨晨这才鼓起勇气，一口气写完了作文。爸爸妈妈一看，描写生动、文笔优美，有点小作家的味道呢！

晨晨写不出作文不是因为不会写，也不是不肯写，而是他不敢写。看得出来晨晨是一个聪明的孩子，在写作上很有天赋，只是因为对自己缺乏信心，害怕犯错，所以才造成了拖延的问题。晨晨的妈妈做得很对，当晨晨遇到困难时，她没有批评他，而是陪伴、安慰他，并在回家以后和爸爸一起设法找出他不写作文的原因，再鼓励他，帮助他渡过了心里的难关。

孩子碰到无法克服的难题时，往往自己就已经很着急、很难过了，这个时候如果父母再厉声指责，只会让孩子更加紧张、更想退缩。明智的父母知道孩子遇到挫折和失败是很正常的事，他们会用积极乐观的心态影响孩子，耐心地分析原因，寻找对策，科学地解决问题。当孩子感觉到父母是和自己共同攻克难关的伙伴，他们自然而然地就会重新树立起信心，勇敢面对困难，最终战胜拖延症。

第六章　戒"拖"第四步：让孩子学会独立

　　很多孩子之所以拖延并不是自身能力不足，而是因为已经成为温室里的花朵，不管做什么事情都习惯依赖他人，尤其是依赖父母。现代社会大多数家庭中都只有一个孩子，导致父母和爷爷奶奶、姥姥姥爷的爱全都集中在孩子身上，自然而然衍生出小公主、小皇帝，所以要想帮助孩子戒除拖延症，必须要让孩子学会独立。

避免因过度安排给孩子造成心理负担

　　眼看就要暑假了，原本蒙蒙和妈妈计划好要自己坐火车，去姥姥家里过暑假，但是事到临头，妈妈却突然犹豫起来。原来，虽然蒙蒙已经读小学六年级了，但是却从来没出过远门，更没有自己坐过火车。为了保证安全，妈妈原计划把蒙蒙送到车站，然后让舅舅在终点站接她。然而妈妈无意间听说一个孩子在火车上走失的事情，想到那个孩子还是和爸爸妈妈一起乘坐火车的，不由得心惊胆战，不敢让蒙蒙自己坐火车了。

　　临出发前几天，妈妈不停地叮嘱蒙蒙各种琐碎的事情，比如在火车上不要和陌生人说话，不要吃陌生人给的食物，不要离开自己的座位去别的车厢玩。妈妈越说越不放心，甚至要她必须每隔十分钟就给妈妈发一个微信报平安。

　　原本对于自己初次独立坐火车充满新鲜感的蒙蒙，也不由得感染了妈妈不安的情绪，变得心神不定。到了该出发的日子，蒙蒙打起了退堂鼓，请求妈妈："妈妈，还是您送我去吧，或者让舅舅来接我。"妈妈意识到自己的情绪影响了蒙蒙，再想鼓励蒙蒙，可蒙蒙说什么也不敢一个人坐火车了。

因为蒙蒙迟迟不肯出发，错过了上火车的时间，妈妈只得再想办法把蒙蒙送到姥姥家去。

原本蒙蒙对于自己第一次独自坐火车的经历充满新鲜感和期待，但是却因为妈妈的过分担忧和过度安排，最终使得她也心生不安，根本不敢按照原计划自己坐火车去姥姥家了。人的情绪是会相互传染的，尤其是那些负面的情绪，更是会像病毒一样蔓延。

很多时候父母为了保障孩子的安全，会做出过度的安排，这样一来孩子反而会觉得危机四伏，原本的勇气也就消失不见了。当知道孩子要离开父母的身边，独自面对这个世界时，父母要做的不是惊慌，也不是担心各种各样的事情。试想，如果父母都觉得惊恐不安，孩子的安全感又从何而来呢？如果孩子惧怕独自面对外部的世界，那么他们必然非常恐慌，更无法淡定从容地面对今后的每次挑战。

明智的父母知道自己总有一天要对孩子放手，也坚信孩子具有能力独自行走人生之路，所以他们会早早地锻炼孩子独立自主的能力，培养孩子的独立性和自主性，让孩子成为一个顶天立地的小大人。

其实，生活中有很多事情需要孩子独立面对。例如，孩子三岁前后要离开父母的身边独自入园。有很多孩子会哭闹，也有很多父母甚至比孩子更不能适应，对老师千叮咛万嘱咐，时时紧张不松懈。如此草木皆兵的状态，对孩子入园是很不利的。

　　实际上，孩子入园就像孩子第一次独自吃饭、独自如厕或者是独自睡觉一样，都是生命中必须要经历的，根本不值得大惊小怪，只要坦然面对即可。再如，对于孩子第一次和老师、同学们一起春游，很多父母也是一百个不放心。他们不放心孩子背着沉重的背包走一天，担心孩子会和大部队走散，还不放心孩子中午吃饭的时候没有地方坐，或者冲着风吃饭肚子疼……

相信每位父母都会切实感受到儿行千里母担忧的焦灼不安，而明智的父母会控制自己的情绪，避免影响孩子；缺乏理智的父母则会任由自己的情绪发展，导致自己和孩子都变得焦灼不安。

父母必须要给予孩子自由的空间，让孩子自由地翱翔。请不要再因为孩子即将离开自己的身边而焦灼不安，唯有对待孩子从容，孩子才能从容地走好属于自己的人生之路。

适时放手，别让孩子因害怕而拖延

人人都知道父母是这个世界上唯一无条件、不求回报、全心全意疼爱孩子的人。然而，父母对于孩子哪怕爱得再深切，也不可能陪伴孩子一辈子。随着孩子渐渐长大，父母也日渐老去。在孩子小的时候是父母照顾孩子，为孩子撑起一片天空，随着时间的流逝，长大成人的孩子要撑起父母的一片天空，照顾父母的老年生活。

遗憾的是如今有太多的啃老族，他们不但小时候要靠着父母照顾，长大成人了还要依靠父母生活，自己根本无法支撑起自己的生活。不得不说，这对于一心盼望着孩子长大的父母而言是巨大的打击，尤其是当他们因为与孩子水火不容而彼此争吵时，更是懊悔自己当初为何没有锻炼孩子的独立性，让孩子养成独立自主的好习惯。

退一步而言，就算孩子无须照顾父母的老年生活，他们也同样需要学会独立自主，这样才能安排好属于自己的生活。因此不管从哪个方面看，父母都要学会对孩子适时地放手，才能给孩子更多锻炼的机会，才能培养孩子的胆量，避免孩子因为害怕独立而无限度地拖延下去。父母只要有心，在生活中的很多时候都可以锻炼孩子独立自主的能力。例如，孩子一岁之后开始学习独立吃饭时，有些父母因为害怕孩子吃不饱，就不让孩子自己吃饭，而是尽快把孩子喂饱，也省得打扫"战场"。这样当然是很高效的，但是并不利于孩子养成独立吃饭的习惯。再如，有些父母在孩子可以做一些简单的家务时，根本不给孩子机会去做，导致孩子变得四体不勤、五谷不分，事后却又抱怨孩子太懒惰。其实不是孩子懒惰，而是父母根本没有给他们机会养成做家务、帮助父母分担的好习惯。与其抱怨孩子不如反省自己，给予孩子更多的机会尝试新的事情，培养新的能力。

当然，对孩子放手一定要选择适当的时机，很多父母不是对孩子控制欲太强，就是对孩子太放任自流。归根结底，孩子的心理发育还不成熟，很多情况下分不清楚轻重缓急，也无法意识到事情有多么重要，为了避免孩子走不必要的弯路，父母可以把自己的经验分享给孩子，帮助孩子不断前进。

欣欣读三年级了，已经开始学习写作文了。有一天，老师布置了一篇作文，要求孩子们做一次炒鸡蛋，然后把整个过程和心得体会写下来。

回到家里，欣欣就摩拳擦掌地准备炒鸡蛋，不想，妈妈赶紧见状制止："哎呀，你们老师布置的这是什么作文啊？这样太危险了。"

　　欣欣不以为然地说："这有什么危险的呢？不就是锅里倒入油，烧热之后把鸡蛋放进去吗？"

　　妈妈严肃地说："炒鸡蛋可没有那么简单，万一把握不好时机，热油溅到脸上，脸上会留疤的。你看看妈妈胳膊上的伤疤不就是上次做牛排的时候被油烫的。"听到妈妈这样说，欣欣不知道自己该不该炒鸡蛋了。

　　这时，妈妈出了个很不明智的主意："你找一篇类似的作文看一看，然后想象一下自己已经炒过鸡蛋了，凑合写写算了。你总不愿意自己漂亮的小脸蛋被烫伤吧？"

　　就这样，欣欣在妈妈的极力劝说下放弃了炒鸡蛋，想当然地炮制了一篇作文。

　　从此之后，欣欣就很排斥和抗拒做饭。哪怕到了大学，有的时候妈妈加班，让她自己煮包泡面吃，她也总是拒绝，宁愿吃外卖，或者干脆饿着。

　　妈妈无奈地说："宝贝啊，你已经不小了，妈妈像你这么大的时候都和姥姥一起下地干活了呢，你怎么连煮面都不会呢？"

　　欣欣不以为然地说："妈妈，水太烫了，你不是怕我烫伤吗？我可不想学做饭。"

　　妈妈调侃欣欣："你现在有妈妈给你做饭吃，等到以后嫁了人，看你怎么办！"

　　欣欣说："车到山前必有路啊，反正我不做饭，不碰热水，也不碰热油。"

　　大学毕业后，在离开家的日子里，她不得不天天去食堂、饭馆吃饭，依旧什么都不会做。

　　原本老师布置的炒鸡蛋作文，就是让孩子们亲身实践的，不但可以让孩子掌握一项做饭的技能，而且也能体验父母整日操劳的辛苦，还能写出言辞恳切的作文；但是欣欣妈妈没有起到正确的引导作用，最终使得欣欣放弃了这项社会实践，还虚构了一篇作文。从此之后，欣欣理所当然地找到了不做家务的理由，把每个人都应该学会的生活自理能力搁置了，对此妈妈首先要进行自我反省。现实生活中，有很多妈妈都和欣欣的妈妈一样，不给孩子机会掌握生活技能，锻炼自主能力，最终导致孩子衣来伸手、饭来张口，根本无法打理好自己的生活。

　　明智的父母知道自己不可能跟随孩子一辈子，所以会主动放手，尽早给孩子机会锻炼自己，从而帮助孩子形成独立自主的能力。从小就自立自强，会使孩子的一生受益匪浅。

拒绝"妈宝"型、"爸宝"型拖延

如今80后已经迈向四字头，很多90后也已经成为爸爸妈妈。然而，他们真的长大了吗？有些老人形容90后养育孩子像是大孩带小孩，对于成长过程中集万千宠爱于一身的90后而言，的确如此。他们自己的心智还没有完全成熟呢，就要负责养育孩子，渐渐地，他们身上的很多坏习惯也会延续到孩子身上，影响到孩子。

记得曾经在网络上看到一则新闻，一对刚刚二十岁出头的小夫妻，因为谁也不愿意负责看管孩子，最终导致孩子被丢在幼儿园里没人接；而导致这种情况出现的原因让人啼笑皆非，这对夫妻都忙着打游戏而已。虽然这只是个例，但不可否认的是很多90后父母本身就有严重的拖延症，缺乏自律性，在养育孩子的过程中难免潜移默化地影响孩子，导致孩子也变得拖延。其实对于这些本身还不够成熟的90后父母，有人给出了非常形象的称呼，即"妈宝""爸宝"。顾名思义，这个称呼的意思就是爸爸妈妈本身就没长大，还是个宝宝，所以他们只能是"大宝"带"小宝"。

琪琪才三岁，就有严重的拖延行为。每天早晨起床去幼儿园，琪琪从醒来到离开床，至少需要半个小时的时间。再加上洗漱、吃饭等时间，琪琪几乎每天都是最后一个到幼儿园的。

其实根本不怪琪琪，因为他的妈妈就是典型的"妈宝"。琪琪妈妈是1992年出生的，大专一毕业就结婚了，因此成了年轻妈妈中的一员。妈妈很喜欢赖床，在琪琪去幼儿园之前，她几乎每天早晨都会搂着琪琪睡到日上三竿，最早也要上午10点钟起床。

长此以往，琪琪的早饭就被省略了，直到中午才吃饭，因而他长得很瘦弱。原本妈妈以为幼儿园里不强求到校时间，所以继续带着琪琪睡到自然醒。没想到老师有意见了，因为琪琪总是晚到影响了其他小朋友，分散了小朋友们的注意力，所以妈妈早晨定了三个闹铃，才挣扎着在七点半醒来。

因为妈妈赖床，所以琪琪也赖床，母子二人早上七点半起床之后洗漱、吃饭，到校至少也在八点半以后了。当然，这还是在琪琪家距离学校只有十分钟路程的情况下。

在收到老师的几次反对意见之后，妈妈不得不重视早起送琪琪的问题。然而，坏习惯养成很容易，想要戒掉却很难。琪琪睡惯了懒觉，赖惯了床，根本不愿意配合睡眼惺忪强拉着他起床的妈妈。妈妈也意志力薄弱，哪怕再三被老师反对，依然隔三岔五地迟到。在弄清楚琪琪迟到的原因是妈妈之后，老师非常严肃地告诉妈妈："琪琪现在还小，将来上一年级迟到一分钟都不行，这会影响孩子学习的。所以你必须从现在开始给孩子养成良好的作息习惯，不然以后怎么上小学？"收到老师的最后通牒，妈妈只好赶紧改变自己，带着琪琪一起坚持早睡早起、按时到校。

对于很多年轻的全职妈妈而言，起床难的确是存在的。在孩子入园之前，她们可以随意地搂着孩子想睡到什么时候就睡到什么时候，但是一旦孩子上了幼儿园，就要接受正常的作息安排，这对于懒散的全职妈妈来说是一个极大的挑战。还有的妈妈沉迷于网络游戏，一旦玩起游戏来就顾不上孩子了，出门前给自己化妆收拾好久，让孩子在一旁干等着。所以说，很多孩子之所以拖延并不是他们自身的原因，而是因为那个负责安排他们生活的人患有严重的拖延症。在这种情况下爱拖延的"妈宝""爸宝"一定要意识到问题的症结所在，最大限度地戒除拖延的坏习惯，给孩子树立好榜样。

父母在生活方面对孩子有着潜移默化的影响，所以父母要想帮助孩子戒除拖延症，首先要反思自己，鞭策和激励自己独立和自律起来。父母首先成熟起来，才能给予孩子更好的爱。

引导孩子体会独立思考的乐趣

每次遇到难题的时候，一年级的茂茂都会产生强烈的畏难情绪，继而心生抵触。例如，老师让每个孩子做一个手工艺品交到学校，茂茂最先想到的不是解决问题而是逃避。放学之后他刚回到家，就为难地对妈妈说："妈妈，老师让我们做手工艺品，但是我不会做。"听到茂茂的求助，妈妈也总是有求必应，马上不假思索地告诉茂茂："没关系，妈妈来帮你做。"就这样，第二天茂茂就带着一个和自己毫无关系的手工艺品去学校了。等到下次再遇到这样的问题时，茂茂依然无法解决问题，而只能求助于妈妈。在妈妈毫无原则的帮助下，茂茂的依赖性越来越强，甚至写作业的时候遇到难题都不愿意开动脑筋。

这一天，茂茂写数学作业时遇到了一道比较难的数学题，虽然他还没有学过，但是只要把以前学过的知识整合一下就能解决问题。但是茂茂马上对妈妈说："妈妈，这道题目我不会做。"妈妈正准备告诉茂茂答案，恰巧爸爸也在旁边，马上制止了妈妈："让他自己去想。"妈妈反驳道："他都没学过，怎么想？"爸爸说："这道题目和前面的知识点有联系，一定要先让他自己想，等到他有了思路，你再引导他解题也来得及。"

就这样，在爸爸的坚持下茂茂只能自己绞尽脑汁思考了。想了很久，他还是没有想出解题方法，爸爸便让茂茂把自己想到的写到题目下方的空白处。然后，爸爸再根据茂茂的思维进展对他进行启发。果不其然，茂茂在爸爸的引导下渐渐找到了思路，最终一拍脑门，恍然大悟："原来这里要用到我们刚刚学过的知识啊！"爸爸笑了，说："是啊。茂茂，你凭借着自己的力量想出了问题的答案，是不是觉得特别有成就感？"茂茂点点头，说："当然啦！"爸爸赶紧趁热打铁："以后再遇到难题的时候，你先自己想，实在不会了再来问爸爸或者妈妈，好不好？"茂茂完全采纳了爸爸的意见，因为他觉得依靠自己的力量解决问题真的很开心。

独立思考是一个人必备的品质，在人的一生中占据着重要的地位。孩子只有拥有独立思考的能力，才会善于发现问题、分析问题、解决问题，从而取得优异的学习成绩。不但如此，孩子长大后也会因为具有独立思考的品质，拥有比别人更加宽广的视野和更加缜密的思维，才更能在自己的专业和事业上做出成绩，而不至于人云亦云、随波逐流。让孩子从小养成独立思考的习惯是每一个父母的必修课。

很多孩子之所以拖延就是因为依赖成性，不管做什么事情都第一时间想到向父母求助。如果父母比较明智，就会引导他们先自己思考问题；如果父母对孩子溺爱，不管孩子遇到什么问题他们都全权代劳，那么渐渐地孩子就会失去自主性，不管在生活上还是学习上都会变得特别被动。这样一来孩子拖延的行为自然会变本加厉。

作为父母不要总是给孩子提供现成的答案，或者贪图便利给他们一个公式自己去套用，这样只会限制孩子的想象力和思维能力。当孩子提出问题时，父母要多用问的方式引导孩子思考，要让孩子感受到思考是快乐的，而不是痛苦的。相信孩子在感受到独立解决问题的快乐之后，一定会越来越热衷于独立思考，解决问题。在孩子少不更事的时候，父母要起到引导作用，帮助孩了走向独立，养成自主思考和解决问题的好习惯。

利用家务劳动，培养孩子的独立自主能力

　　思思已经是幼儿园大班的学生了，但是早晨起床还要妈妈给她穿衣服、穿鞋。吃饭的时候高兴了就自己吃，不高兴了还需要妈妈喂。妈妈觉得很苦恼，尤其是早晨的时间很紧张，送完思思去幼儿园，自己还要去上班。因而妈妈每天都梦想着思思能和其他同龄的孩子一样自己穿衣服、洗漱。遇到思思拖延的时候，穿衣服、吃饭都慢慢吞吞的，妈妈更是觉得要抓狂。

　　如何才能培养思思的独立能力呢？妈妈特意买了好几本教育类图书，通过阅读意识到必须让思思学会做家务，体会妈妈的辛苦，她拖延的坏习惯才会有所好转。

　　一天下班之后，妈妈从幼儿园接到思思，带着她一起去买菜。妈妈买了好几种青菜，有些重，于是对思思说："宝贝，妈妈累了，你也帮妈妈拎一些菜好吗？"思思一开始有些抗拒，妈妈马上表现出拿不动的

样子，无奈之下思思只好帮妈妈拎了一袋青菜。到家之后，妈妈急于做饭，又邀请思思帮她择菜。对于思思而言，择菜的难度的确有些大了，但是因为干家务之后能够得到妈妈的表扬，她还是很乐意分担的。就这样妈妈在做饭，思思在择菜，时不时地母女二人还会聊几句，气氛很温馨。

吃完晚饭，妈妈要刷碗，便让思思自己去洗漱，思思也答应了。随着思思越来越喜欢做家务，妈妈惊喜地发现，她拖延的行为有了很大的好转，再也不用被妈妈催促着做事了。

这个事例中的妈妈非常聪明，她知道如何激发起孩子做家务的兴趣，从而让孩子更加独立自主。也许有些父母会感到纳闷，做家务和独立自主之间有什么关系呢？当然有关系。能够为父母分担家务的孩子往往有着强烈的主人翁意识。当然，对于缺乏主人翁意识的孩子，父母可以激发起他们做家务的兴趣，在做家务的过程中帮助他们形成主人翁意识。一旦形成主人翁意识，孩子就会从被父母催促着加快速度，变成自己主动要加快速度。从这个角度而言，让孩子学会做家务不但可以让孩子掌握基本的生存技能，还可以帮助孩子提升自信心和责任感。

很多父母总觉得孩子还小，什么事情都做不好，因而不让孩子做任何家务。殊不知在孩子愿意做家务、对做家务有热情的时候，如果父母不给孩子锻炼的机会，那么等到父母觉得孩子长大了，想让孩子分担家务的时候，孩子已经不愿意做家务了。所以明智的父母总是未雨绸缪，哪怕孩子做不好家务，但只要愿意做，他们就会安排孩子做一些力所能及的家务活儿，让孩子在独立自主的道路上再向前一步。

此外，做家务还会给予孩子很大的成就感。当孩子依靠自己的努力整理好房间后，他们不但会为此欣喜，也会更加用心地维护房间的整洁。这样等到房间再次变得乱糟糟时，他们就会第一时间开始行动，再次整理房间，还给自己一个清洁有序的环境。对于孩子的很多事情，父母不要给予过多的帮助，而是要让孩子自己解决问题。也许刚开始孩子还不能处理得很好，但是渐渐地他们就会越做越好，最终成功提升自己各方面的能力，成为"多面手"，甚至是"全能手"。要想实现这一点最关键的在于父母不包办，而是给予孩子空间，让孩子放开手脚自己去做。

让孩子拥有自己的社交圈

周六早上凡凡起了个大早，兴冲冲地就开始收拾书包，妈妈觉得很奇怪，问他："今天是周六不用去上学，你整理书包干什么？"凡凡兴奋地说道："我和淘淘约好了，今天去他家里写作业。"淘淘是凡凡在老家的玩伴，比他低一年级，这学期跟着全家人一起搬过来，还转学到了凡凡所在的学校。凡凡高兴坏了，一有空就去找他玩。妈妈一听，当即表示反对："你自己一个人在家写作业就够磨蹭了，跟淘淘一起边写边玩，作业肯定写不完。不行，我不同意你去。"凡凡反驳道："我们说好了写完作业再一起玩。"妈妈还是不太相信，坚持不让他去。

凡凡出不了门，抱着书包生起了闷气。过了一会儿爸爸出来解围了，他劝说妈妈："既然孩子们已经说好了，你就让他去吧。"他又对凡凡说："不过你要记住自己说过的话，等你回来，爸爸妈妈可是要检查作业的。"凡凡连忙点头，背起书包欢天喜地地出门了。

等到晚上，凡凡回来了，妈妈第一件事就是检查他的作业，本以为他肯定没做多少，没想到他竟然把带去的作业全都做完了。妈妈十分惊讶，问凡凡："这些真的是你自己做完的吗？"凡凡自信满满地说道："当然了，我和淘淘是把作业做完之后才开始玩的。"

后来凡凡回到自己的房间看书去了，妈妈忍不住对爸爸感慨："平时天天在屁股后面催着他都磨磨蹭蹭写不完的作业，怎么去别人家就能写完了呢？"爸爸笑着说道："这你就不知道了吧，孩子在大人面前和在同龄人面前是不一样的。我们以为只有把孩子关在家里时时督促，他才不会偷懒，其实应该多放他出去，在外人面前他反而会想做个小男子汉，表现出独立自觉的一面呢。"妈妈想了一会儿，赞同地点了点头。

　　每个人都有好几种不同的社会身份，成年人都有这种体会：当扮演不同的角色时，自己所展现出来的形象是不一样的。孩子不像成年人那样有那么多的身份，但是对于学龄儿童来说，他们至少同时扮演了儿女、学生、伙伴等几个角色。培养孩子的独立性不能只是局限在家庭内部，毕竟孩子长大以后要去面对世界，扮演更多的角色。或许在父母眼里孩子无法做到的事，当孩子转换到另一个角色后就能做到了。

　　孩子在上幼儿园或者更小一点的时候，父母都愿意让他们和其他孩子一起玩耍，但是等到上学以后，有些父母就开始限制孩子的交际圈，或是担心安全问题，或是怕孩子跟别人"学坏"影响学习。这是不可取的，随着孩子年龄的增长，更要让孩子有机会离开父母，去拥有和支配属于自己的社交生活，让他们在与他人的相处中培养自己的独立性。

　　对于参加夏令营、文艺演出、社会实践活动等，家长更要予以支持，平时也可以利用周末或假期，组织孩子们聚会，因为在这些集体性的活动中，孩子常常会面临新情况、新困难，在没有家长可以依赖的前提下，他们就会学着自己开动脑筋，想办法克服困难。当孩子越来越独立，愿意去主动解决问题，戒除拖延症也就不是什么难事了。

第七章 戒"拖"第五步：提高孩子的时间管理能力

  大多数孩子都没有时间观念，对于时间的流逝也不够敏感。尤其是他们对于一段段的时间没有概念，例如老师要求他们必须10十分钟之内完成作业或者做完一道题目，孩子往往不知道10分钟到底是多长一段时间，也就会因此导致拖延。对于这类拖延问题，最重要的是要帮助孩子建立时间观念，提高孩子管理时间的能力。

帮孩子建立时间观念，提升敏感度

　　放放是一个缺乏时间观念的孩子，虽然已经二年级了，但是他早晨上学还是经常迟到，课间也常常因为玩得太投入，导致上课铃响了他才急急忙忙地往教室跑。为此，老师不止一次找到放放的父母反映问题，希望父母能够多多配合，改掉放放迟到的习惯。

　　早晨上学迟到的问题，父母的确能够帮得上忙，只要早些叫放放起床，再催促着放放快点洗漱、吃饭就可以了。但是上课迟到，父母根本帮不上忙，因为他们无法随时随地地提醒放放。所以，虽然放放早晨上学迟到的情况有所改善，但是上课迟到的情况还是一样。

　　思来想去，爸爸妈妈想出了一个办法——帮助放放建立时间观念，提升放放对时间的敏感度。他们为放放买了一块手表，这是他一直心仪的礼物。爸爸妈妈告诉放放："如果你不知道课间10分钟是多长时间，那么你在下课之后先去洗手间，再喝水，在玩耍的时候要时不时地看着点手表。这样等到还有两分钟上课的时候，你就要提前赶回教室去，避免迟到，也避免影响其他同学上课。"果然，在有了手表之后，放放对时间的概念清晰多了，他迟到的次数越来越少。渐渐地就算不看手表，他也大概知道快上课了，就主动回教室了。

很多孩子对于时间并不敏感，他们缺乏时间观念，也不知道一段时间意味着什么，自然会出现无意识拖延的情况。要想改变这种拖延情况，首先要帮助孩子建立时间观念，让他们对时间变得更敏感。唯有如此孩子才能学会合理安排时间、珍惜时间，从而督促自己在一定的时间内完成自己的任务。

事例中，放放爸爸妈妈想出的办法很好，他们意识到放放是因为缺乏时间概念，对时间的延续没有准确感知，所以才总是上课迟到。为此，他们送给放放一块他喜欢的手表，让他在兴奋之余能够形成良好的时间认知。这样一来随着对时间的把握越来越准确，放放就会渐渐地形成时间观念，从而避免上课迟到。

正如一句名言所说，"时间是组成生命的材料，浪费时间就是浪费生命。"虽然人无法预知生命的长度，但可以把握生命的宽度，从而在有限的生命中尽量充实地享受人生，这样就相当于拓展了生命的长度。能够有效利用好时间的人往往能够有所成就，浪费时间的人只会虚度年华。对于孩子而言，在宝贵的童年时期就应该养成珍惜时间的好习惯，这样在日后的学习生活中才能争分夺秒，充实生命。爸爸妈妈可以找一些关于名人珍惜时间的故事，讲给孩子们听。

当然，合理安排时间真正做起来的时候并非说的这么简单容易。为此，父母要以身作则给孩子树立好榜样。例如，可以和孩子一起制订作息表，然后督促孩子按照时间表上的计划执行。为了帮助孩子提高学习的效率，父母还可以引导孩子了解人体的生物钟，让孩子知道在哪个时间段应该休息，哪个时间段最有助于记忆。这样一来孩子合理安排作息时间之后，学习必然高效。

此外，孩子的自觉性有限，为了督促孩子更好地珍惜时间，父母也应该制定相应的奖惩措施，从而提升孩子的主动性。总而言之，孩子在童年时期还很懵懂，父母要引导他们形成时间观念，主动把握现在、创造未来！

让时间变得具体可感

三岁的瑶瑶正在上幼儿园小班，对于时间完全没有概念。早晨因为瑶瑶磨磨蹭蹭不愿意第一时间完成起床、洗漱、吃早饭等一系列任务，妈妈只得不停地催促她："宝贝，快点儿，已经七点半了哦！""宝贝，再有五分钟咱们就要出发，你准备好了吗？"就这样妈妈不停地提醒她，但是瑶瑶看起来丝毫没有紧迫感。妈妈无奈地对瑶瑶说："宝贝啊，你到底什么时候才能知道时间的宝贵呢？你再磨蹭磨蹭就老了！"每当这时瑶瑶总是以稚嫩的声音说："妈妈，我才三岁。"

后来妈妈渐渐意识到瑶瑶不是故意磨蹭的，而是不理解时间的概念。对于才三岁的孩子而言，时间的确是一个空虚的概念，既不像好吃的那样能马上吃到嘴巴里，也不像好玩的玩具那样可以用手触摸。所以妈妈只好帮助瑶瑶感受时间的存在。

一天，妈妈告诉瑶瑶再有半个小时就要出门了。瑶瑶当然不知道半个小时是什么概念，这次妈妈没有任由瑶瑶磨蹭，而是指着时钟上的长针对瑶瑶说："等到这个长针从这里转到'6'这个位置，就是半个小时，咱们就要出发了。"

果然，时间具体得可以看到，甚至能够触摸之后，瑶瑶不再对时间的流逝不以为意了。她一会儿跑去告诉妈妈长针动了，一会儿告诉妈妈长针指向"3"了，在长针走过"5"之后，瑶瑶索性目不转睛地盯着长针看，等着长针刚刚指向"6"，瑶瑶不由得长吁一口气："原来半个小时这么短暂呀！"看到瑶瑶颇有感慨的样子，妈妈暗暗想道：改天，我再让你见识见识五分钟、一分钟有多么短暂。

后来，妈妈经常和瑶瑶做这个游戏，瑶瑶的时间概念果然越来越强。虽然她还不能完全认识时钟，但是她却变得不拖延了。每次当妈妈说起几分钟之后要出发时，她总是第一时间跑去穿外套、换鞋子。看到瑶瑶的改变妈妈觉得很欣慰。

作为父母只是告诉孩子时间的重要性是远远不够的。孩子的思维是形象的、具体的，尤其是对幼儿来说，他们只能掌握代表实际东西的概念，比如教他们理解"桌子""椅子"，要比理解"家具"容易得多。因为这个时期充满他们脑海的是颜色、形状、声音等生动可感的形象，而时间是一个抽象概念，对于大多数幼儿而言是很难理解的。

在这种情况下父母就要用各种钟表把孩子心中的时间变得具体化，让孩子觉得认识时间是一件有趣的事。当然，面对孩子对于时间的各种稀奇古怪的提问，父母一定要非常重视，不要感到不耐烦。毕竟孩子还小，对他们来说整个世界都是新奇的，想一想《红楼梦》中刘姥姥进了大观园后是什么样的，父母也就不会对孩子的无数次提问感到厌烦了。

对于年龄大一些的孩子，父母可以给他们限定时间。例如，孩子正在读课外书，那么可以告诉孩子还有十分钟就要上床睡觉了。这样孩子必然争分夺秒，努力提高时间的利用率。父母还可以借助其他道具让孩子感知更长的时间，比如通过翻日历本告诉孩子一天过去了、一个月过去了；通过冷热变化、植物的生长与枯萎告诉孩子四季的变换；通过生日蛋糕上的蜡烛根数告诉孩子长了一岁就是过了一年。渐渐地孩子也会感受到四季变换、光阴流转。

父母如果有心，生活中有很多机会都可以帮助孩子感知时间。例如，在去银行的时候告诉孩子，一旦过了截止时间银行就关门了；在超市里购买酸奶等短保质期的产品时，告诉孩子一旦过了保质期，食品就会变质，不能食用；在接送孩子的途中告诉孩子，同样的一段路走路需要多长时间，骑自行车需要多长时间，开车又需要多长时间。相信长此以往，孩子对时间的理解就会越来越深刻，自然会珍惜时间，不再拖延。

和孩子一起制订计划，并分阶段完成

作为小学四年级的班主任，眼看着就要期中考试了，刘芸感到压力很大。她明显感觉到学生们一听说要开始复习，或者老师稍微多布置点儿作业就非常抵触。这不，在期中考试前的最后一周，刘芸刚刚布置了作业，讲台下马上传来一片唉声叹气。刘芸没有批评学生们，而是讲了一个故事。

很久以前山里住着一只小鸟。这只小鸟非常与众不同，它长着四只脚，而它的翅膀却没什么羽毛，这样一来它只能在地上走来走去，不能飞到天空中。

每天，这只小鸟都在山涧旁走来走去。它看着自己倒映在水中的影子，觉得自己非常漂亮，因此沾沾自喜。炎热的夏季到来时，小鸟浑身都长满了颜色鲜艳的羽毛，简直是世界上最漂亮的鸟。小鸟常常想：就算是凤凰见到我也一定会自惭形秽的。为此，它总是洋洋得意地说："我比凤凰更漂亮，更优雅！"

　　很快，夏天过去了，萧瑟的秋天来了。森林里的很多小动物都开始忙碌着准备过冬的巢穴和食物。小鸟们也四处寻找小树枝，加固巢穴。只有这只小鸟，它既没有像那些候鸟一样飞到温暖的南方去，也没有像留下来的小鸟一样筑巢，而是依然每天在山涧旁走来走去。随着天气一天天变冷，它只能躲在石缝里。

　　夜晚寒风凛冽，小鸟不停地哀号："真冷啊，真冷啊，天亮了我就垒窝！"所以大家都叫它"寒号鸟"。然而熬过漫长的一夜，等到天亮了阳光普照，寒号鸟懒洋洋地醒来，继续在山涧旁徜徉，根本不愿意垒窝。日复一日，寒号鸟终于在某个冬天的夜晚里，被冻死在石缝里。

讲完这个故事，刘芸让孩子们展开讨论。孩子们七嘴八舌，最终得出结论：寒号鸟之所以被冻死就是因为它做事情没有计划，而且在意识到要垒窝之后又一再地拖延，最终导致被冻死。刘芸语重心长地对孩子说："考试也是一次考验，我们一定不要学寒号鸟不断地拖延。只有提前做好准备，才能以最佳的状态从容地应对考试。"孩子们纷纷点头，马上斗志昂扬地复习了，毕竟谁也不愿意步寒号鸟的后尘啊！

作为老师刘芸真是用心良苦，她用寒号鸟的故事告诉孩子们，凡事都要未雨绸缪，做好应对准备。常言道，一天之计在于晨，一年之计在于春。古人也说："凡事预则立，不预则废。"培养孩子的时间观念，不但要让孩子理解时间的意义，做到分秒必争，而且还要让孩子学会提前规划并按时执行计划，这样生活才会井井有条，不会无缘无故浪费宝贵的生命。

对父母来说和孩子一起制订计划并且督促孩子完成，是帮助孩子形成时间观念、培养执行力的关键。不过计划也分长期计划、中期计划和短期计划。长期计划包括人生的伟大志向，或许是在数十年的时间里才能完成的。显而易见，这个计划对于品性还不够稳定的孩子而言，肯定是无法起到及时的激励作用的。对于孩子而言，制订中期计划和短期计划更有效，尤其是短期计划更适合缺乏常性的孩子。

需要注意的是在为孩子制订计划的时候，父母千万要尊重孩子的意愿。很多父母不知道，他们单方面制订的填鸭式计划未必符合孩子的实际情况，甚至可能会因为对孩子的期望值和要求过高，导致孩子产生抵触心理。所以明智的父母会和孩子在一起商量着制订计划。唯有得到孩子认可的计划，孩子才愿意去执行，从而得到良好的效果。

在制订计划的过程中，因为孩子缺乏自主性，父母要起到引导、督促的作用。又因为孩子能坚持的时间难免会不长久，所以父母还要有意识地把计划分阶段完成，注意劳逸结合，这样才能使学习收获最好的效果。

制订计划容易，要想严格执行计划却很难。古人云："靡不有初，鲜克有终。"就算是成人也很少有人能坚持完成自己的计划，更别说是缺乏自制力的孩子了。因此，明智的父母除了同时培养孩子的意志力和恒心外，还会教孩子把计划分阶段进行。王石登上珠穆朗玛峰并不是一下子就完成的，在此之前他已经爬过很多座雪山，几乎把几大洲的雪山都爬完了，最后一站才是珠穆朗玛峰。一个人如果没有任何准备直接就去爬珠穆朗玛峰，很可能会发生危险。只有从海拔较低的山开始爬，慢慢地再去爬更高的山，经过几年的训练，最终才能够去挑战珠穆朗玛峰。

制订孩子的计划也是如此，要根据孩子年龄和心智的增长、学习负担的轻重做划分，让孩子一步一个脚印地达成目标。其实这也是孩子本身成长规律的要求，例如，规定每天晚上用于学习的时间，就要以孩子能够集中注意力的时间为基础。

分阶段还有一个好处就是每当完成一个阶段的目标后，孩子就会有小小的成就感，父母也可以在这个时候强调或者予以奖励，这样孩子就会有更大的信心和动力去完成下一阶段的计划。

当然，所谓的计划并不仅仅限于孩子的学习方面，还可以渗透到生活中的各个方面。例如，日常的作息时间，每天用于玩游戏的时间等，都应该纳入计划之中。帮助孩子从小养成良好的生活和学习习惯，对于孩子一生的成长和发展都至关重要。

根据实际情况，适当调整目标计划

这个世界上的万事万物都处于不断发展和变化之中，我们所面对的事情也会随时随地改变，要想从容应对这些事情，就不能墨守成规。计划固然重要，但是审时度势，顺应形势也同样重要。明智的父母会教孩子制订计划，还会告诉孩子要根据实际情况适时调整目标，这样孩子才不至于因为情况突变而畏难，导致消极怠工，做事拖拖拉拉。

有段时间妈妈和柠柠一起制订了学习计划，让四年级的柠柠从现在开始冲刺重点初中。妈妈觉得柠柠现在的成绩在班级里排第十名左右，提早拼一把还是很有希望的。为此，妈妈迫不及待地为柠柠报名参加了一些课外培训班，柠柠也由此开始了紧张忙碌的备考生活。

才过去半个学期，柠柠就因为每天晚睡早起，变得有些神经衰弱了。她经常头晕，上课的时候总是打哈欠，注意力也不能集中。看到柠柠痛苦的样子，妈妈带她去看了神经内科医生。显然，医生对于这样的情况已经司空见惯，他告诉柠柠妈妈："孩子只是有点神经衰弱，应该是学习压力导致的，主要还是要让孩子放松心情。大多数患神经衰弱的孩子，都是初中升高中的孩子，也有一小部分是六年级的孩子。你家孩子才上四年级怎么就出现这种情况呢？"

听到医生的质疑，妈妈不好意思地笑了。柠柠告诉医生："我和妈妈已经开始备战重点初中了，我们要笨鸟先飞，跑在前面！"医生有些无奈地对妈妈说："现在国家在提倡减负，你们这些父母太紧张焦虑了，导致孩子也被灌输了错误的观点。才四年级冲刺太早了啊，这样做反而影响了身体健康，更不利于学习。只要正常学习就好，等到六年级再冲刺也来得及。"

妈妈觉得医生的话有道理，因而回到家里和柠柠提出建议："柠柠，这次的确是妈妈太心急了，出了个坏主意。我建议咱们改下计划吧，先以你的身体健康为主，只要把学校里的学习任务圆满完成即可。等到五年级下学期咱们再开始行动，你觉得如何？"

柠柠想不通，说："但是妈妈，您说过要笨鸟先飞的，五年级下学期再开始会不会太晚了呢？"妈妈语重心长地对柠柠说："身体是学习的本钱，没有好的身体学习也很难兼顾。咱们要顺应形势，根据情况及时改变，这样才能减轻压力。就像你前段时间神经衰弱严重，连上课听讲都受到影响，咱们不就本末倒置了吗？也许当你每天都精力充沛，学习效率还会提升得更高呢，对不对？"柠柠若有所思地点点头。

别说是孩子了，就算是成人也会因为任务艰巨而压力倍增。因此，父母一定要仔细观察孩子在执行计划时的状态，注意计划实施的效果，学会灵活调整。千万不要强迫孩子撑到最后。

在计划执行一个阶段后，父母就应该检查一下效果如何，一旦发现效果不好，就要反思哪里出了问题：是孩子不能严格按照计划去做，还是任务过多、过重，或者是一开始的目标就太高、太远了？实际上计划失效常常是因为一开始太过急于求成，把每个环节安排得密不透风，没有留出足够的余地让孩子去休息和缓冲。事例中柠柠的妈妈正是因为抱着 "笨鸟先飞" 的想法，却没有考虑到孩子可能 "飞不动" 的问题，最后导致柠柠被学习压力压得喘不过气来。

在调整计划时父母还要留心外部形势的变化，比如当学校推行减负计划时，如果还一个劲儿地埋头给孩子增加学习任务，显然是不合时宜的。又如当教育提倡综合素质、全面发展时，如果父母只把重点放在分数上，那么对于孩子的成长反而是不利的。当今社会，信息技术发展迅速，IT、游戏、新媒体产业势头迅猛，家长还是一味地在计划安排中让孩子尽量远离电子产品，远离游戏，甚至扼杀孩子在这些方面的兴趣，那么按照这样的计划执行下去，孩子只会落后于时代，和社会脱节。

父母只有学会反思、检查，适当调整计划，修改不科学、不合理的地方，孩子才能重新走上正轨，计划才能继续有效地运行下去。总而言之，作为父母除了要督促孩子学习之外，更要帮助孩子学会合理地制订计划，在现实情况有所改变之后，再帮助孩子有效地修改计划，做到灵活机动、与时俱进。

让孩子体会浪费时间所付出的代价

很多父母都因为孩子的拖延和浪费时间而感到心急如焚，越是人到中年，他们越能体会到时间的不可逆性，深知一生之中最适合学习的时间一去不返，等到过了身体和思维的鼎盛时期，再想学些新东西，往往力不从心。他们就会希望孩子抓住宝贵的学习时间，最大限度地充实自己。

其实，很多孩子和父母之间的矛盾冲突正是因此而发。父母深知光阴易逝，因而总是督促孩子珍惜时间，而孩子总觉得时间还很充裕，他们渴望自由。当父母觉得他们是在浪费时间时，说不定他们觉得这才是享受生活呢。

只要认真回想一下自己的幼时，就不会对孩子的推三阻四和无限拖延感到气愤，因为父母都是从孩提时代走过来的，也曾经叛逆过，也会因为拖延被父母催促、被父母批评。那个时候的自己就和现在的孩子一样，总觉得时间还很多，嫌父母啰唆。然而等到自己也成为父母才知道可怜天下父母心，又来重复父母的老路，催促孩子，成为被孩子嫌弃的父母。如此循环往复，父母与孩子之间的矛盾也就不断升级。

明智的父母会知道，有些事情哪怕父母再操心也不可能替代孩子去做。就像人生中的很多弯路，哪怕父母告诉孩子前面是弯路，孩子也未必相信。尤其是对于年龄大一些的孩子，更不愿意接受父母的安排，因为他们对于生命充满了好奇，所以更愿意自己面对生命，探索生命的奥秘。

正所谓不经历无以成经验，父母与其费尽口舌反而招致孩子反感和抵触，不如让孩子去亲身体验。哪怕孩子在很多问题上会碰壁，甚至碰得头破血流，但那是他们自己得出的人生经验，他们会更信服，也会主动改变自己对待人生的态度和方式。与其没完没了地催促孩子，不如让孩子吃一堑长一智，亲身体验到浪费时间的严重后果，那么接下来就算父母不再叮嘱催促，孩子也会因为得到了教训，而主动珍惜时间。

每次到了暑假妈妈都觉得很头疼，因为小晴特别抵触写暑假作业，总是觉得暑假有漫长的两个月时间呢，等到最后再写作业也来得及。因而，暑假就成了妈妈和小晴大战的日子，她们经常因为写作业的问题爆发家庭战争。眼看着小晴就要升入四年级了，妈妈意识到自己不能总是揪着小晴写作业，因而决定在这个暑假放任她一下，让小晴尝到苦果。

果不其然，在妈妈采取放任自由的态度后，家里变得非常"和乐美好"，孩子总觉得不催着写作业的妈妈才是好妈。虽然暑假长达两个月，但是快乐的时间总是很短暂，转眼之间小晴已经玩了一个月，她自己也觉得不好意思，开始磨磨蹭蹭地写作业了。妈妈还是绝口不提，小晴每天写一会儿作业就又要玩一会儿，妈妈也不提醒和督促。

等到还有十天就要开学了，小晴着急起来，她每天早早起来写作业，但是作业很多，根本不是十天就能完成的，尤其是小晴已经玩得乐不思蜀，根本无法静下心来学习。就这样，在开学报到的前一天，小晴居然早晨六点多就开始写作业，写了整整一天，直到晚上十点也没写完。看着小晴急得抓耳挠腮几乎要哭出来的样子，妈妈问道："小晴，作业写完了吗？"小晴哭丧着脸说："没有。"妈妈说："那就做好准备明天被老师批评吧！"次日早晨起床，小晴一直喊嗓子疼，妈妈当然知道她是因为不想去报到，于是斩钉截铁地说："只要不发烧，必须去上学。"就这样小晴磨磨蹭蹭地出门，提心吊胆地到了学校。当老师让交作业的时候，小晴有一本练习册没有做完，因而向老师撒谎说自己忘记带了。还有一项数学作业，因为老师有事情没来得及收。

放学回到家，小晴一进门就高兴地说："有一项作业老师没收。"妈妈冷淡地提醒小晴："今天没收不代表明天不收。友情提醒，你还有一个下午和一个晚上的时间哦！"小晴回道："我知道，我这就去写。"就这样，小晴又奋战了一个下午和一个晚上，终于把作业完成了，她不由得长舒了一口气。

等到寒假时，妈妈问小晴："你这次还准备像上次一样吗？"小晴摇摇头，妈妈说："那就做个计划表吧，这样才能够合理安排假期时间，不然别人出去玩，你还得留在家里写作业。只有先把作业完成你才有时间和我们出去玩。"小晴乖乖地点点头。

事例中，妈妈在和小晴因为写作业的问题产生数次激烈的争执之后，一改思路，决定不再催促小晴，而是按照小晴的想法任由她尽情玩耍。果然，暑假在安宁和美的气氛中度过，小晴则因为玩得太尽兴，导致直到开学前十天才努力写作业。然而临时抱佛脚是行不通的，所以小晴直到开学报到的前一天还在赶作业，甚至报到当天还愁得茶饭不思，恨不得马上生病可以不用去上学。当然，整个计划实现的关键因素在于妈妈要能忍得住，绝不催促和提醒小晴。最终小晴得到了教训，也深刻意识到浪费时间、不能合理安排假期生活的后果多么严重。经历了这个暑假后，寒假里小晴听从妈妈的建议，主动做寒假作业计划表。这样一来小晴虽然吃了一堑，但是长了一智，对于她自身的成长也是很有好处的。

　　父母们不要再为孩子浪费时间而抓狂了，更不要无数次提醒和催促孩子，这样会导致孩子更加反感和叛逆。最好的做法就是像事例中的小晴妈妈一样，狠心一次，让孩子切身体会到浪费时间的严重后果，这可比一切说教都好。否则父母对孩子横眉冷对，强迫孩子珍惜时间，那么孩子虽然暂时把握住时间了，但是却从未体会过浪费时间的严重后果，下次必定依然对时间缺乏珍惜的意识，父母还要继续催促和强迫孩子，因而陷入恶性循环。

提高孩子做事效率，但也不要忽视准确性

在父母的一味催促中，虽然孩子做事情的效率提高了，作业完成得更快了，但是质量呢？如果速度提高了质量却下降了，那也是得不偿失。尤其是对于学习而言，速度过慢或者质量过低都是不合适的。唯有同时保证质量和速度，孩子才能在学习上取得好成绩。

举例而言，孩子考试的时候每一道题都再三思量，等到考试时间结束，孩子才做了一半的试卷，显而易见他很难取得好成绩。与此相反，考试时间才过半，孩子的试卷已经做完了，但是正确率很低，可想而知这也不是理想的结果。最好的状态是孩子兼具速度和正确率，在考试时间过去三分之二的时候，高质量地完成试卷，那么接下来的时间里孩子就能从容地、有重点地检查试卷。所以明智的父母在督促孩子学习时不会一味地只抓速度或者只抓质量，而是两者兼顾。

最近，妈妈发现小雨写作业越来越慢，简直拖延成性。自从上了四年级，小雨的作业量明显比三年级时增加了，为此妈妈很着急，恨不得马上就能让小雨变成"作业小能手"，一放学就把作业写完，这样就不用妈妈一直看着她不停地督促了。

为了帮助小雨戒掉拖延的坏习惯，妈妈尝试了各种方法，但是都收效甚微。后来妈妈在别人的建议下，采取了限定时间的方式提高小雨写作业的速度。果然小雨写作业越来越快了，但是问题也接踵而至。在检查小雨作业的过程中，妈妈发现她的数学作业错题很多，语文作业上也有很多涂改痕迹。老师也针对小雨的课堂作业的完成情况向妈妈进行了反馈，说小雨"敷衍了事，字迹潦草"。妈妈茅塞顿开，原来小雨是因为写作业被限定了时间，所以导致盲目追求速度，这可真是顾此失彼啊！

发现问题所在，妈妈赶紧纠正小雨对待作业的态度："小雨，妈妈并不是一味地要求你写得快，如果写得快却都错了那也是不可取的。当然，写得慢也不行，比如考试的时候，时间到了可试卷才做一半，这肯定是行不通的。所以我们的最终目标是写得又快又好。你要先保证质量，然后在写得好的基础上渐渐地提升速度，这样你就会写得又快又好了。"小雨觉得妈妈说得很有道理，因而也在写作业的过程中时刻提醒自己。渐渐地，果然小雨的作业完成得既快又好了。

实验心理学里有一个叫作"速度-准确性权衡"的实验，可以对此进行科学的解释和指导。实验的设计方法有很多种，但得出的结论是一致的：被试者有时会以牺牲反应准确性为代价换取反应速度，有时又会以牺牲反应速度为代价换取反应准确性。也就是说，被试者会自行建立一个权衡反应速度和反应准确性的标准。这种权衡在日常生活中也很常见，比如早上急着去上课，就会忘记带东西，如果提前做好充分的准备，就要更早起来，花更多的时间。又比如孩子刚刚学会走路的时候，走得快了容易摔倒，走得慢了就不容易摔倒。

对孩子来说"又好又快"是一个比较高的要求，无论是写作业、考试，还是面对生活中的其他事情，父母都要帮助孩子找到这样一个平衡，全面解决问题，切不可顾此失彼。要知道孩子一旦养成盲目追求速度、敷衍了事的坏习惯，会对以后的学习、工作以及其他的社会活动造成不利影响的。所以，父母首先要让孩子保证质量，然后渐渐提升做事的速度，帮助孩子建立良好的生活和学习习惯，达到真正的高效。

教会孩子精打细算，合理利用时间

我们唯有珍惜时间，不浪费一分一秒，才能真正充分高效地利用时间。在现实生活中，虽然人人都知道时间宝贵，但总是在无形中浪费了很多时间，成人尚且如此，更别说是孩子了。

举个最简单的例子，在午休的时候有的孩子在适度休息和运动之后，就会回到教室里看课外书，充实自己。也许每天中午只有短暂的半个小时时间，但是日积月累，阅读量会越来越大，孩子也会受益良多。换而言之，如果孩子把每天中午的短暂时间都浪费了，那么一年里至少要少读好几本书，知识面自然会比别的孩子狭窄一些。不要再抱怨没有时间做什么事情，只要愿意做总能挤出时间来的。

父母除了要督促孩子不浪费时间之外，还要督促孩子把零散的时间都有效利用起来。很多父母都有这样的感触，在上大学时，那些英语学得好的同学之中，有一大部分都是因为会"精打细算"，抓住一切时间记忆单词，诵读英语课文，这样坚持下来孩子的学习就会卓有成效。如果孩子能够利用早晨起床之后的时间背一背英语单词，那么就拥有更多的时间去接触英语，哪怕每天背不了几个单词，日积月累，也会越说越多的。

一转眼元元已经从二年级的学生变成了三年级的学生。在其他方面倒是还好，唯独在写作文时，元元总是提笔忘词，根本无法完成，这可把他愁坏了。原本爸爸建议元元多看课外书，但是元元每天放学回家，写完作业吃完饭后，就已经到了睡觉的时间，因而很难抽出时间看课外书。到了周末，爸爸又要带着元元参加户外活动，增强体质，所以虽然看课外书的事情说了很久，却始终没有得到执行。

每天早晨，爸爸都会开车顺路把元元送到学校，再去公司。一天，元元在上学的途中突然说 "好无聊啊"，爸爸灵机一动：既然上学路上的半个小时里元元无事可做，为何不在这段时间里让元元看些文学名著呢？可是，坐在车上看书不但使人头昏目眩，而且对眼睛也不好。爸爸送完元元立即在网上购买了很多关于名著的光碟。此后在送元元上学的时候，爸爸就放儿童文学作品让他听。果然，元元听得津津有味，还埋怨爸爸为什么没有早点儿想到这个好办法。后来，元元听完了这些，爸爸又买来四大名著的光碟。就这样，元元的文学素养得到了很大提高，他在写作文的时候也觉得不那么困难了。

在这个事例中，爸爸以实际行动教会元元合理利用零散的时间，为自己的学习创造更便利的条件。相信在爸爸的启迪下，元元潜移默化就会学会合理利用时间，而且也能有效利用那些看似无用的时间。所以爸爸妈妈们，不要再抱怨孩子不懂得珍惜时间了，我们要先反思自己是否给孩子树立了榜样。

除了事例中利用上学途中坐车的时间给孩子听光碟，这里再介绍几种常见的巧妙利用时间的例子。第一，让孩子把需要背诵的课文、诗词等记在活页本上，方便拆装、随身携带，在等车、排队的闲散时间里，他们就能随时随地拿出来看、记；第二，让孩子把英语单词、数学公式、易错字词抄下来，贴在家里的房门、墙上、镜子上等经常能够随意瞥见的地方，在日常生活中加强记忆；第三，在组织家庭旅游的时候，除了游山玩水之外，多带孩子去一些名胜古迹、文化景点，引导孩子看景点内的文字介绍，听导游讲历史典故，学习文化知识。

第八章　戒"拖"第六步：养成好习惯，才能拥有高效人生

要想彻底戒除拖延症，在帮助孩子树立时间观念、制订计划之后，还要帮助孩子养成好习惯。所谓好习惯有益一生，只有养成好习惯，很多事情才能水到渠成。当然，好习惯的养成绝非朝夕之间，在这个过程中父母要更用心地帮助孩子，给予孩子支持。

要戒拖，先治懒

五年级开学没多久，谦谦因为发烧，请假在家休息。五年级的学习任务越来越繁重，所以好几天不去上课，妈妈还是很担心的。

在请假的第一天，妈妈就提出要为谦谦补习新课。妈妈让谦谦准备好课本到书房来，但是左等右等就是见不到谦谦露面。妈妈不由得催促道："谦谦，快一点！"谦谦皱着眉头，嘴上应承着却依然在自己的房间里磨磨蹭蹭不愿意出来。

妈妈又喊道："谦谦，听到妈妈讲话了吗？"谦谦这才极不情愿地说："今天没有学习新课为什么还要补啊？况且我生病，生病难道不是应该休息吗？"

妈妈耐心地解释："如果你现在不学习新课，等到去学校，你就已经落下两三天的课程了，你根本无法应付。"

妈妈话音刚落，谦谦就开始赌气似的坐在那里，显然他并没有把妈妈的话听进去。妈妈无奈，只好开始吼道："这是你应该学的，如果你不想学，那么从现在开始按照学校的课表来吧！"谦谦也怨声载道："那你把我送去上学啊！"妈妈被这句话气得火冒三丈。

冷静下来妈妈意识到谦谦拖延的主要原因是懒惰，所以才会一遇到需要费心劳神的事情就拖着不做。这样一来，治好谦谦懒惰的坏习惯就成了当前的首要任务。妈妈当即给爸爸安排了任务，让爸爸经常带着谦谦出去运动，让身体先动起来，充满活力，从而才能打起精神去学习，也不至于花一点力气就抱怨和拖延。

如今很多孩子都非常懒惰，因为他们之中大多数都是独生子女，从小就习惯了衣来伸手、饭来张口，家里不管有什么事情都不需要他们操心和帮忙。渐渐地孩子就会越来越懒惰，所以父母也不要一味地抱怨孩子，而是要想一想孩子为何不愿意参与家庭事务，为何总是凡事依赖他人。归根结底，问题还是出在教养方面。

如果一味地让孩子活在温室里，凡事都按部就班，没有任何烦恼，那么孩子不但会越来越懒，而且行动力也会大大下降。所以父母要想让孩子变得勤快，自己就不能太"勤快"，可以把家务活分给孩子些，让孩子时刻记得要力所能及地为家庭付出。这样在成长的过程中，孩子渐渐地就会懂得分担责任和照顾家人，而不会过于懒惰，导致凡事都拖延成性。

除了要帮助孩子养成为父母分忧的好习惯以外，事例中谦谦妈妈采取的方法也很不错，即采取运动的方法让孩子变得充满活力。人一旦养成懒惰的习惯，生活中的方方面面都会受到影响。同样的道理，充满活力的人则总是表现出精力充沛的样子，做事情也更加迅速果断。因而爸爸妈妈们，再也不要以孩子还小不能承担任务为由，凡事都为孩子代劳。唯有学会放手，让孩子养成勤劳的好习惯，孩子才能越来越独立自强。

帮助孩子养成良好的生活作息规律

如今，很多年轻的父母都习惯晚睡。这样一来，父母的不良作息习惯无形中就会影响到孩子，导致孩子也晚睡晚起。对于小学生而言，晚睡晚起除了会影响身体发育，还会导致上学迟到、上课注意力不集中等问题。生活作息没有规律，也会导致孩子产生拖延行为。

举个最简单的例子，如果孩子前一天晚上睡得晚，那么第二天早晨必然很困倦，自然不可能痛痛快快地起床。所以父母如果抱怨孩子起床太晚了，最重要的不是日复一日地催促孩子，而是合理安排孩子的作息时间，让孩子前一天早些入睡，保证充足的睡眠，这样才能从根本上解决孩子起床困难的问题。

九月份，三岁半的泡芙正式成为幼儿园小班中的一员。然而，没几天，上幼儿园的新鲜感过去了，泡芙晚上就不愿意睡觉了。原来，爸爸在房产公司上班，每天都要到晚上十点才下班回到家中。所以入园前泡芙每天都等到爸爸回家，想再和爸爸玩一会儿，等到十一点半左右才睡觉，第二天则可以和妈妈一起睡懒觉，睡到早上八九点钟。

然而如今上幼儿园了，泡芙不能再这么"任性"了，为此妈妈晚上九点半准时熄灯让泡芙睡觉。到了十点如果泡芙睡着了还好，如果还没睡着，那么爸爸一回来她就变得兴奋起来，根本不愿意睡觉。

这样一来，泡芙晚睡成了一个大问题。看着泡芙晚上不想睡觉，早晨不想起床，妈妈和爸爸商量之后决定爸爸十点回到家里先洗澡，不要进入卧室中，等到十点半再进入卧室。果然，泡芙无法坚持到十点半，每天十点前后就睡着了。有了充足的睡眠后，泡芙早晨起床也没有那么困难了。

对于泡芙合理的作息，妈妈觉得很欣慰。泡芙以前因为和他们一起晚睡晚起，早晨基本不吃饭，长得很瘦弱。自从生活作息变得规律之后，泡芙反而长胖了一些，脸色也越来越红润了。

在生活方面，如果孩子拖延一定是因为没有养成良好的作息习惯。父母对于帮助孩子养成良好的作息习惯有很大的责任。因为对于年龄小一些的孩子来说，他们并不知道什么是合理的作息时间，所以父母的合理安排就是关键。年轻的父母哪怕非常喜欢、享受夜生活，也不要影响到孩子的作息。越小的孩子越需要充足的睡眠。

很多父母会说孩子晚上不愿意睡觉，其实并非孩子不愿意睡觉，而是父母没有给孩子营造良好的休息环境。例如，有的父母自己看电视让孩子在卧室里睡觉，这怎么可能呢？再如，有的父母开着灯，却让孩子睡觉，孩子当然也会受到影响。包括午睡在内，父母都应该给孩子拉好遮光窗帘，关好门，避免孩子被外面的环境打扰。

良好的作息对于孩子的成长有很大的好处。当孩子形成稳定的生物钟，那么按时睡觉起床就会变成自然而然的事，届时不用父母催促，生物钟就会自动提醒孩子了。

高效能的孩子都拥有好习惯

在父母口中，别人家的孩子光彩夺目，浑身都是让人艳羡不已的优点。例如，别人家的孩子顺利地考上了大学；别人家的孩子写作业自觉主动从来不用催促；别人家的孩子早睡早起，早晨还有时间读英语课文呢……那么，别人家的孩子为何那么好呢？羡慕没有用，最重要的是发现别人家的孩子优秀的原因，从而努力提升自己家孩子的能力，让自己家的孩子也变得和别人家的孩子一样优秀。

不可否认每个孩子的天赋是不同的，有的孩子很擅长学习，有的孩子心思根本不在学习上。当然这只是两个极端的表现，实际上也有心理学家说，除了天赋异禀的人之外，人与人之间先天的条件基本差不多，只是因为后天的努力才导致每个人的人生截然不同。看到这里也许有些父母会觉得沮丧，为何自己家的孩子比不上别人家的孩子呢？也有的父母感到庆幸，看来自己家的孩子还是可以赶上别人家孩子的。当然，第二种父母的想法更正确。

细心的父母会发现，大多数高效能的孩子并非天赋异禀，而是因为他们拥有很好的习惯，很善于利用时间。既然如此，父母就要发挥自身的作用帮助孩子养成好习惯，让孩子的生活和学习井然有序、效率倍增。

妈妈一直很奇怪，为何妮妮每天放学之后要写那么长时间的作业。毕竟妮妮才上小学四年级啊，不应该有那么多的作业。

有一天，妮妮又到晚上九点半才写完作业，妈妈实在忍不住了，在班级的家长群里询问了其他同学完成作业的时间。其他家长告诉妈妈，虽然四年级的作业比以前多了，但是并没有多到要用四个多小时才能写完的程度。只要认真对待，每天一个半小时左右就能完成作业了。看着妮妮的黑眼圈，妈妈决定弄清楚原因。

在观察几天之后，妈妈发现妮妮写作业的时候浪费了很多时间。比如，每天一进家门妮妮就要休息半个小时。开始写作业之后，写了不到半个小时，又要休息二十分钟，休息完之后才写了十几分钟，又要吃晚饭了。吃完饭后，她必须在妈妈的提醒下才去写作业。所以其实妮妮真正写作业的时间很短。通过询问妈妈知道其他同学放学到家就准时开始写作业，孩子每写四十分钟就休息十分钟，到吃饭的时候他们已经完成了作业。因为时间安排合理，吃完晚饭后他们还可以做一些自己想做的事情，看看课外书或者电视节目，再从容地洗漱睡觉。

妈妈思来想去，决定马上和妮妮协商，帮她调整好时间养成良好的习惯。当然，一开始调整写作业的时间，妮妮还是有些不适应，曾经懒散的习惯哪那么容易一下子彻底消除呢？但妈妈不着急，耐住性子给了妮妮思考时间，让妮妮更加自主地慢慢改变。

最终，因为有了时间的限制，妮妮写作业越来越专心，不会再随便分心浪费时间了。最重要的是，妮妮养成了良好的学习习惯，写作业的效率大幅度提升，学习成绩也有了很大的进步，妈妈也不用操心了。

帮助孩子养成良好的学习习惯和作息规律是一劳永逸的事情。就像事例中的妮妮，把写作业的时间拉得那么长，不但作业因为三心二意没有写好，而且时不时地休息也不能让她彻底得到放松。与其这样搞拉锯战，不如速战速决，然后就可以全心全意地做自己想做的事情。

成功不可复制，好习惯却是可以学到的。许多成功人士的小习惯都值得父母和孩子借鉴。俄国作家契诃夫有一个叫作"生活手册"的本子，他走到哪里就会带到哪里，随手记录生活中的所见所闻、所思所想；国画大师齐白石"不教一日闲过"，坚持每天作画，九十多岁也没有松懈；顾炎武自督读书，规定自己每天读多少卷书，还要把读过的书抄一遍，写心得体会，最终汇集成了著名的《日知录》；而高考状元们往往都有属于自己的一套读书方法和学习习惯。其实好习惯有很多，但最重要的是能够坚持下来，日积月累才能厚积薄发。

制定家规，让孩子知道自己的事情自己做

曾经有条新闻报道：某大学生进入学校报到第一天，因为不会铺床，坐了整整一夜。还有一位大学生从未见过带壳的鸡蛋，所以进入大学之后见到带壳的鸡蛋很惊讶，也根本不会剥壳。事实上，在指责孩子们高分低能的同时父母也应该学会反思，到底是教养过程中哪个地方出现了问题，才会导致孩子变成了这样呢？

很多父母，还有爷爷奶奶和姥姥姥爷，因为对孩子百依百顺，让孩子十指不沾阳春水，甚至连洗脸都为孩子代劳。正是因为这样的溺爱导致很多孩子三岁之后进入幼儿园，不会自己穿衣服，不会自己吃饭，甚至连大小便都不知道要告诉老师。不得不说这是家庭教育极大的失败，是值得每一位父母深思的。

除了襁褓中的婴儿完全要依靠父母和长辈的照顾之外，孩子从一岁左右，已经可以自己做一些事情了。很多孩子在这个阶段还会表现出

强烈的探索欲，例如十个月左右的孩子就会自主地把东西塞进自己的嘴巴里，因而父母完全可以准备婴儿专用的托盘餐桌，让孩子试着自己吃饭。有些长辈带孩子怕孩子把食物弄得到处都是，总是喂孩子。虽然这样家里会比较干净，但是却让孩子错过了掌握吃饭技能的最佳时期。明智的父母会早早地让孩子做力所能及的事情。

除了让孩子做好自己的事情之外，父母还应该引导孩子分担家务。当然，有些孩子可能因为贪玩不愿意做，这一点可以学习美国人，制定家务规定。例如，把家务分为分内、分外两部分。分内的不用付出报酬。分外的，如果孩子愿意做，就可以领取一定的报酬。这样一来孩子自然会爱上做家务，更会把自己的事情做好，从而腾出多余的时间和精力做好家务。

当然，生活是琐碎的，哪怕原本两个简单至极的男人和女人组成家庭，婚姻生活也会马上变得复杂起来。尤其是在有了孩子之后，更像是外星人入侵，导致生活凌乱不堪，有做不完的家务，也有出不完的状况。当孩子渐渐长大，父母千万不要因为觉得孩子添乱就什么都不让孩子做。要知道孩子今日的添乱、帮倒忙，正是他们学习的过程，最终他们会成长，成为爸爸妈妈最贴心的小帮手。

四年级的畅畅是个特别懒的孩子，十岁的她还从未洗过自己的袜子、手帕。有一次老师让孩子们回家给爸爸妈妈洗脚，畅畅的爸爸妈妈得知后马上说："不用，不用，我们自己会洗的，你就告诉老师你洗过了。"畅畅本来就不想做这件事情，在爸爸妈妈的推辞下，老师的一番苦心化为泡影。畅畅从小已经习惯了被爸爸妈妈无微不至地照顾，还有姥姥姥爷和爷爷奶奶的宠溺，使她成为家里不折不扣的小公主，整日呼风唤雨的。

快到冬天的时候，姥爷突发脑溢血，住进了医院；奶奶也因为不小心摔倒，导致腿部骨折。这样一来两边的老人都需要照顾，爸爸妈妈都是独生子女，只好爸爸抽出时间去奶奶家照看，妈妈则抽出时间去医院里和姥姥一起照顾姥爷。从未单独在家过的畅畅被独自留在家里。

眼看着到了吃晚饭的时间，畅畅的肚子饿得咕咕直叫，她都没有心思写作业了。妈妈打电话回家，告诉畅畅自己用电热壶烧水，泡一包方便面吃。畅畅为难地对妈妈说："妈妈，我不会用电热壶啊。"妈妈耐心地告诉畅畅电热壶的使用方法，还告诉畅畅怎么泡方便面。等到晚上九点多妈妈拖着疲惫的身体回到家时，发现畅畅直接干吃了半包方便面，现在已经在床上睡着了。妈妈心疼不已，这才意识到平日里对畅畅太宠溺了，才会导致畅畅现在什么都不会做。

忙完两头的老人的事情之后，妈妈马上制订了家务活分配计划，这其中当然包括畅畅。妈妈给畅畅分配了一些简单的家务，还告诉她等她渐渐熟悉了做家务之后，还可以做一些有偿的家务劳动。畅畅最初很排斥做家务，但是听到可以赚取报酬，她就心动了。经过半年的锻炼，畅畅做家务越来越熟练，不但能够很好地照顾自己，而且能够帮助家人分担很多事情。妈妈不由得感慨：孩子的潜力是无限的，至少我们之前把孩子看得太弱小了。

孩子的潜力是无限的，只是因为父母过于关心孩子，处处为孩子代劳，才会使得孩子无法得到锻炼。如果父母能够尽早放手，在一旁监护孩子去做事情，那么就算孩子做得不好，父母还要再做一遍，也会对孩子起到很大的激励作用。必要的时候和孩子一起合理规划，以身作则，表现出民主的家庭气氛。让孩子明白，规则是人人都必须遵守的，而不是父母强加给他们的，即便离开爸爸妈妈的视线也不可以放松下来肆意妄为。这样一来孩子也就会更信服父母，愿意接受父母的安排，甚至还会感受到自己已经成为家庭小主人的欣喜。

孩子拖延时，能不能用奖励做交换

可乐是一年级的小学生，也是个很磨蹭的孩子，不管做什么事情都习惯拖延，就连上学也经常迟到。一天早晨，可乐在卫生间已经磨蹭了二十分钟，眼看就没有时间吃早饭了。妈妈几经催促也没有效果，无奈之下脱口而出："可乐，限你五分钟之内吃完饭出门，如果做到就奖励一个玩具！"果然，听到这句话，可乐欢呼雀跃起来，马上就从卫生间里出来，而且三分钟就吃完了早餐。妈妈惊讶地看着可乐，嗔怪地说："你完全可以很快搞定呀！"可乐高兴地对妈妈说："我要一个托马斯小火车，您今天就要兑现承诺哦。"

原本妈妈以为可乐得到奖励之后拖延的情况会有所好转，可乐在得到奖励之后的几天里做事速度也确实加快了，但是一个星期之后可乐的老毛病又犯了。

星期一的早晨学校要升旗，需要提前到校，但是可乐又磨蹭起来了，眼看着就要迟到了还没出门。妈妈很纳闷：可乐前几天的动作明明已经变快了呀，怎么突然间又这么磨蹭呢？妈妈侧耳倾听，发现可乐在卫生间里没什么动静，因而拉开门看，可乐赶紧说："妈妈，我好了，我好了！"没过多久，这样的情况又重演了一次，妈妈意识到也许可乐是因为上次磨蹭后加快速度得到礼物，这次还想用同样的方法得到礼物。

果不其然，有一天妈妈要带着可乐去喝喜酒，可乐又开始磨蹭了，妈妈急得不停地催促可乐，可乐慢慢吞吞地说："妈妈，再奖励我个小礼物吧！"这恰恰印证了妈妈的猜想。妈妈当即一本正经地说："可乐，你必须自己承担迟到的责任，你要是不想被批评，那就抓紧时间加快速度。妈妈可以给你买礼物，但是以后不会在你磨蹭的时候再用礼物激励你了，否则你就会像现在这样！"妈妈的话让可乐感到很羞愧，他什么也没说，只是动作快了起来。

孩子是很会察言观色的。几个月的孩子就会看父母的脸色，更何况已经读一年级的可乐呢？在得到妈妈一次额外的奖励之后，可乐就记住了，也因此动起小心思，想要妈妈再次给他奖励。虽说在家庭教育中，父母要善用激励的手段，父母可以通过赞美、鼓励甚至给予劳动报酬的方式调动孩子的积极性，但需要明白的一点是，在心理学中，激励是指持续激发人的动机的心理过程。

在教育中要使激励产生正面效果，就必须把外在的利益转化为孩子内在的驱动力。如果像事例中可乐妈妈的奖励行为一样，仅仅停留在交换层面，那么非但不能加强孩子的主动性，反而会让他们养成没有好处就不做事的坏习惯，变得越来越拖延。

当面对孩子的拖延行为时，父母不要随意给孩子物质奖励，而是要给孩子树立正确的价值观和责任观念，分清哪些是自己应该做好的，从而让孩子端正态度，不再动"小心思"。明智的父母会知道，对孩子讲道理、以身示范、让孩子切身感受浪费时间的后果等方式，比奖励更加理性、有效。

用 "约定" 促使孩子养成好习惯

很多父母总觉得孩子还小，说出来的话也不能算数，因而对孩子的话总是不以为意。实际上，孩子并非像父母所想的那样对自己的话说完就忘记了，很多孩子都是说话算数的，甚至有些孩子小小年纪就表现出信守诺言的优秀品质。如果父母能够有意识地培养孩子言出必行的行为习惯，不论是对于孩子的成长，还是对于孩子长大成人之后的发展，都是有很大好处的。

当然，这样做的前提是父母首先要摆正心态。很多父母自己就不遵守约定，对于孩子的话也不放在心上，渐渐地，孩子必然说话也越来越随意，更谈不上遵守约定了。我们一旦成为父母就要严格约束自己，不要像没有孩子之前那么随心所欲。要知道孩子的眼睛时刻都在看着父母，父母只有在孩子心目中树立威信和权威，才能更好地教育和影响孩子。

每天晚上妈妈都为了让贪玩的沐沐按时睡觉而费心劳神。再加上沐沐已经上幼儿园大班了，妈妈更想帮她养成良好的作息习惯，为上小学做准备。沐沐已经习惯了晚上十一点前后睡觉，当妈妈九点就关了灯陪沐沐睡觉时，沐沐觉得很不习惯，并且非常抗拒。第一天晚上沐沐还是折腾到十一点才睡觉。妈妈继续坚持，又过去几天，沐沐非但不配合，甚至一关灯就大哭。看着哭得声嘶力竭的沐沐，妈妈觉得很无奈，但又不想做出妥协。思来想去，妈妈想出了一个折中的办法。

晚上睡觉的时间又到了，妈妈对沐沐说："沐沐，该关灯睡觉了。"沐沐马上大喊："不好，不好，我不要睡觉。"妈妈坚定地说："你明天要上学，不能迟到，现在必须睡觉。"沐沐带着哭腔说："妈妈，我还想玩一会儿。"妈妈说："如果你想玩一会儿，你能做到说话算数吗？"沐沐点点头。妈妈说："妈妈有个建议，你看看你能不能接受和遵守。我给你延长半个小时，我们九点半睡觉，但是周一到周五你必须到了九点半就按时睡觉，不能拖延。这样到了周末，你可以等到十点再睡觉，好吗？"听说自己玩耍的时间多了，沐沐觉得很高兴，不假思索就答应了。妈妈再次重申："说到必须做到哦，如果你九点半不能按时睡觉还要妈妈催促，那么作为惩罚你第二天晚上就必须九点睡觉，明白吗？"这次沐沐思考得很认真，最终还是点点头。

后来，沐沐虽然睡觉的时候还需要被提醒，但是只要妈妈告诉她已经九点半了，她就会主动关掉电视或者收拾好玩具，然后乖乖地去睡觉。因为心中不抵触了，沐沐上床熄灯之后，入睡也比之前快多了。

　　人人都向往自由，没有人愿意被强迫，不仅成人如此，孩子也是如此。对于年龄大些的孩子而言，与其强迫他们做各种事情，不如让他们自主地做出选择，心甘情愿地执行自己的计划。所以，父母要想改变孩子的拖延行为，强迫不是好办法，而是要给予孩子一定的空间，让他们主动改变。

　　爸爸妈妈们，你们与孩子曾经有过约定吗？孩子遵守与你们的约定了吗？如果从未尝试过这个方法不妨试一试。如果孩子根本不遵守约定，那么爸爸妈妈也应该反思自己是否以身作则给孩子做出了榜样。如果答案是否定的，那么爸爸妈妈自身也需要提升和完善哦！

孩子好习惯的养成，深受父母的影响

　　从小学四年级开始，学校就要求孩子们阅读经典名著了。尤其是寒暑假的时候老师还会列出书单，让孩子们挑选出几本书阅读。最近，刘红觉得很苦恼，因为她的女儿洛洛已经读四年级了，但是不爱看课外书。尤其是老师推荐的名著全都很厚的，洛洛连一页都没有耐心看完，更别说是一本了。

　　眼看着寒假即将结束，洛洛的书都没有看完，根本没办法写读后感，刘红急得在班级的家长群里问其他家长，有的孩子居然一个寒假看了七八本书。震惊之余刘红赶紧向那个孩子的家长请教。那个家长问刘红："你家有电视机吗？"刘红不明所以，说："当然有啊，但是电视机和看书有什么关系啊？"那个家长回答："就因为你家有电视机，所以你家的孩子不爱读书。我家的电视机从孩子上一年级就淘汰了，一开始是摆设，再后来索性送人了，这样也省得孩子惦记。"刘红瞠目结舌：

"啊，还要把电视机送人啊！"那个家长笑了，说："当然，偶尔看看也没关系。不过孩子在写作业的时候你们也不要看，或者孩子看书的时候，你们最好也能捧着书陪伴孩子一起看。不然你想吧，你在看电视，孩子在看书，这样一来孩子怎么能专心看书呢？读书是一件需要用心的事情，一旦思维进入到书里，孩子必然会爱上读书的。你家孩子的情况应该是根本没读进去，不然只怕你不让她读，她还不愿意呢！总而言之，阅读要养成习惯，孩子读起书来就会水到渠成。"刘红感慨地说："我们总觉得孩子在卧室写作业，我们在客厅看电视，丝毫不会影响到她，看来是我们扰乱了孩子的心。"

后来，刘红也规定了家里电视开放的时间，全家人不到时间都不许看电视。刘红还买了一些名著，在孩子看书的时候，她和孩子爸爸也一起看书。如此一来家里静悄悄的，转眼之间就变成了"家庭图书馆"，孩子渐渐地也能看进去一些书了。后来，刘红觉得这个办法有效，还特意规定了每周有两到三个晚上是全家的阅读时间，果然起到了很好的效果。

孩子的自制力比较差，和读书相比他们当然更愿意看轻松有趣的电视节目。要想帮助孩子养成爱读书的好习惯，父母首先要以身作则，给孩子树立好榜样。如今，很多人都觉得家里有没有书柜无关紧要，甚至觉得就算有书柜也没有什么用处。试想一个找不到一本书的家，能给孩子营造良好的读书氛围吗？书籍是人类精神的食粮，父母在关注孩子吃饱喝足之余，更要注重充实孩子的心灵。

现代社会电子书很盛行，很多人都觉得那就不必买纸质书了。其实纸质的图书和电子的图书，对于孩子的意义是完全不同的。首先，孩子还小，过度看电子产品很容易产生视觉疲劳，甚至变成近视眼；其次，纸质的图书随手可以拿起来，翻阅方便，所以更有利于孩子养成爱读书的好习惯。也许多一个书柜或者多一些书籍并不能使我们的家马上变成书香之家，但是却能给孩子营造良好的读书氛围，使孩子更爱读书。

在书籍的选择上父母也要多下功夫。很多父母都有这种感受：自己以前上学的时候看书的范围很广，种类很多，但是自从走上工作岗位忙于生计，压力也大，不仅看书少了，看书的类型也越来越局限，到最后只会去看工作方面的专业书籍。但是孩子不同，在身心发育的初级阶段，他们需要了解世界的角角落落，学习知识的方方面面，因此父母不仅要在家里多放书，还要放各种书，儿童文学读物、经典名著、科普读物、趣味益智读物等，只要是适合孩子看的，种类越丰富越好。

利用"南风效应"，让孩子自觉养成好习惯

好习惯的养成需要漫长的过程，如果孩子配合还相对顺利，如果孩子心生叛逆，那么整个过程就会更加艰难。那么有没有一种方法能够让孩子主动自觉地养成好习惯呢？大多数父母管教孩子的方式就是唠叨、说教，甚至是恐吓、威胁，还有的父母会对孩子使用暴力，导致孩子对父母的印象越来越差，也更加叛逆。在这种情况下，传统的教育方法非但无法起到好的作用，反而还会事与愿违，导致孩子故意与父母对着干。

北风和南风打赌，比赛看谁能最先让路上的行人脱掉厚重的棉服。凛冽的北风率先施展威力，呼呼地吹个不停。然而，北风越是吹，行人就越是把衣服都紧紧地裹在身上，还有些怕冷的人甚至戴上了厚重的帽子，围上了围巾。北风累得气喘吁吁，只得作罢。

这个时候轮到南风登场了。南风吹着煦暖的风，很快就吹散了乌云，让太阳公公露出来了。在阳光的照射下，路上的行人先是取掉帽子和围巾，接着解开厚重外套的衣扣，最后居然脱掉了棉服，穿着轻薄的羊毛衫在路上轻快地走着。

北风看到南风轻而易举地就让行人脱掉衣服，不由得感到惭愧，再也不敢瞧不起温暖和煦的南风了。

批评和赞美的作用就像是北风和南风的作用。批评会使孩子关闭自己的心门，不愿意敞开心扉；而赞美则让得到认可的孩子感受到发自内心的温暖，也心甘情愿地把自己变得更好、更优秀，从而与他人的赞美达到一致。近些年来提倡的赏识教育，也主张不管是老师还是父母，都要多表扬孩子，从而帮助孩子建立信心，让他们心甘情愿地改变。

除了要以赞美激励孩子自觉改变之外，对于那些对赞美不敏感的孩子还可以给他们树立一个可以崇拜的偶像。很多问题少年不管父母怎么管教都不起作用，但是他们却往往信服某个人。他们觉得这个人了解他们、理解他们，能最大限度地为他们着想，能与他们一起玩游戏、互相倾诉。

孩子们都很崇拜老师。诸如在幼儿园和小学中低年级里，孩子们往往把老师的话当成圣旨，绝不敢疏忽懈怠。等到渐渐长大，尤其是到了初中，正处于叛逆期的孩子，不但听不进去父母的话，连老师的话也听不进去了，这个时候他们需要一个人生的标杆。这个标杆最好是与他们年纪相仿的人，或者是年纪比他们略微大一点儿的人。这样，共同语言会使孩子与"标杆"更加贴近，孩子们也会非常信任自己的崇拜偶像，从而时时处处模仿这个人。如果这个人非常优秀，那么遵循近朱者赤的道理，孩子们就会变得更加优秀。当然，这个崇拜的偶像并不局限于某一个人，只要是能对孩子起到积极的影响作用，并且帮助孩子走好人生之路的人，都可以成为偶像。当孩子总是盯着自己的偶像，时时刻刻向着偶像学习，他们自然会进步神速。

爸爸妈妈们，你们能够做到经常赞美孩子吗？你们能够努力成为孩子的偶像吗？在最和谐融洽的家庭中，孩子就是以父母为偶像的，亲子关系紧张的状况自然也就不复存在。对于孩子而言，成长的路上能得到肯定、有偶像可以崇拜，都是幸福的事情！

第九章　戒"拖"第七步：自控力成就儿童的一生

　　人最大的敌人是自己。有时人既不了解自己，也无法控制自己的情绪，常常因为失控把自己带入冲动之中，也会导致对自己放任自流。对于孩子而言，一切外界的手段或者力量都只能起到辅助的作用，唯有发自内在的自控力，才能帮助他们真正战胜拖延，成就自己。

缺乏自控力，是孩子任性拖延的根本原因

孩子在面对很多事情时，无法自己果断处理，而且容易沉迷于游戏或者其他娱乐活动中。这样一来，他们身上的拖延行为越来越严重，迟早会因为缺乏自控力而付出代价。不可否认，孩子本身的自控力很弱，年纪越小的孩子越会因为缺乏理智思维而无法自控。在成长的过程中，随着孩子的自控力不断得到提高，他们任性和拖延的情况也会有所好转。自控力对于孩子的成长和发展到底有多重要呢？

二十世纪六七十年代，心理学家沃尔特·米歇尔在斯坦福大学任教期间，为了研究自控力对于孩子一生的影响，他进行了很多实验。因为实验的对象都是孩子，而实验的工具是棉花糖，所以这一系列的实验又被称为"棉花糖"实验。为了实验数据的准确性，米歇尔招募了600多名4岁的孩子参与实验。

实验刚刚开始时，他给每个孩子都分了一块棉花糖。分完之后，他告诉孩子们："我要离开15分钟，如果你们能等到我回来再吃棉花糖，我会额外奖励一块棉花糖给你们，这样你们就有两块棉花糖了。"确保孩子们听懂了他的话之后，他就离开了。

实验结果显示，有三分之二的孩子没有抵挡住诱惑，急不可耐地吃掉了棉花糖。

剩下的三分之一没吃掉棉花糖的孩子，做出了极大的努力。他们之中有的人眼巴巴地看着糖，甚至还会时不时地舔一舔；有的人大声地唱歌，或者闭上眼睛索性不看棉花糖；还有的人拼命踢打桌子，以此来分散自己的注意力。总而言之，他们想尽办法最终成功抵挡住了棉花糖的诱惑。

时隔14年之久，米歇尔教授又找到这些孩子进行跟踪调查。结果显示，那些当年能够控制自己抵挡住棉花糖诱惑的孩子，和那些忍不住诱惑吃了糖果的孩子相比，他们的高考成绩居然高了210分。这是非常巨大的差距。由此，他得出结论，拥有自控力的孩子，也就是那些能够延迟享乐的孩子，将来一定能够获得更大的成就。

从这个实验中我们不难看出自控力对于孩子成长的重要性，甚至影响到了孩子成人之后。所以父母们要想改变孩子拖延的状况，最重要的就是培养孩子的自控力。毕竟孩子还小，很多情况下不能做出理智的选择，而父母作为孩子的引导者，有责任和义务探索更好的方式，针对孩子的个性情况，帮助孩子拥有自控力。

信守承诺，给孩子树立好榜样

在现实生活中，对于孩子而言父母就是他们身边最重要、最亲密的人，而家庭则是他们最重要的生存环境。很多时候父母为了让孩子更听话，总是随口说一些话来搪塞孩子，诸如让孩子赶紧写作业，写完再出去玩，或者让孩子先吃饭，吃完饭才能看动画片。一旦孩子写完作业就发现不能出去玩，或者吃完饭还不能看动画片，那么日久天长他们就会对父母失去信任，也不会再自觉遵守对父母的承诺。

很多父母总觉得孩子还小，对于自己兑现不了诺言的时候，他们只要道歉即可。事实完全不是这样的。孩子再小也会记得父母开出的空头支票，如果父母一直失信，他们会对父母失去信任，甚至对整个世界都产生信任危机。父母必须意识到，很多事情在自己看来是小事，但是对于孩子而言却是大事。例如，父母承诺给孩子买一根棒棒糖，如果孩子没有得到棒棒糖，那么包括棒棒糖在内的很多其他东西都会对孩子失去激励作用。可想而知，父母不能信守诺言，对于培养孩子的自控力而言简直就是百害而无一益。

一直以来诺诺都想去上海迪士尼乐园玩，而且他也在父母面前说了好几次了。刚刚开始放暑假，妈妈就盯着他写作业，但是诺诺却不愿意写，总是拖来拖去，导致放假都一个星期了，作业本连碰也没碰。妈妈一旦催促得急了，诺诺就说："离开学还早着呢！"

眼看着假期一天天地溜走，即将过半了，有一天妈妈对诺诺说："诺诺，你在这个月里把作业写完，下个月我们就可以带你去迪士尼玩了，好不好？"一听说要去迪士尼，诺诺的眼睛瞪得大大的："真的吗，妈妈？我们真的要去迪士尼吗？"妈妈点点头，说："这就要看你的表现了，作业提前完成，咱们才有时间去呀！"诺诺听到妈妈的话，马上就变得浑身都是能量，当即就开始写作业了。

在接下来的半个月里，诺诺基本没有玩，每天都在认认真真地写作业。然而等到作业写完了，诺诺追问妈妈什么时候去迪士尼，妈妈却说："爸爸不太好请假，等爸爸请下来假再说吧！"就这样，妈妈开始拖延，直到诺诺心灰意冷。

等到寒假到来的时候，妈妈又想以出去玩为诱饵激励诺诺写作业，诺诺却懒洋洋地说："上次我写完了作业，你们没有兑现承诺，我这次不愿意相信你们了。出去玩就玩，可以回来再写作业，我不想提前写。"就这样，妈妈失去了一个哄诺诺写作业的撒手锏。

上次暑假被妈妈放了鸽子之后，诺诺显然不相信妈妈了，所以对于妈妈在寒假里的承诺，诺诺完全不放在心上，也不愿意延迟满足自己玩耍的需求。

妈妈以去迪士尼乐园玩为由激励诺诺写作业其实是没有错的，错就错在她的话成了一句空话。不管是因为爸爸不好请假，还是因为妈妈在说去迪士尼的时候就是在撒谎，总而言之，妈妈不兑现自己的承诺就是不对的。古时候曾子因为妻子一句哄孩子的话，杀掉了家里指望着过年的猪，这就是对孩子守信的表现。

父母首先自己要做到信守承诺，给孩子树立好榜样，才能潜移默化地影响孩子，让孩子成为超强自控力的人。

懂分寸，是最好的教养

很多朋友都曾经有过这样的体会，即对于那些缺乏自控力，甚至行为失控的孩子，会心生抵触，而对于那些彬彬有礼、如同小大人一样的孩子，心里却充满抑制不住的喜爱。作为父母当然希望自己的孩子能够受人欢迎，成为小小社交达人，那就产需要让孩子拥有自控力，不管走到哪里或者在什么样的情况下都能管好自己。

也许有些父母会说，小孩子做什么事情都能得到他人的谅解。其实不然。孩子虽小但是父母不小，孩子不懂事但是父母要懂事。人们常说孩子是父母的一面镜子，能够折射出父母和家庭的样子。孩子在降临人世间的时候是一张白纸，在与父母亲密接触中渐渐长大，当然会带有父母的印记。父母带着讲礼貌、有素质、有涵养的孩子出席各种场合，当然也会觉得骄傲和自豪。

周末，妈妈带着辰辰去姑姑家里做客。辰辰很高兴，因为她可以看到姑姑家的墨墨姐姐了。墨墨比辰辰大一岁，已经六岁了，每次见面她们都玩得不亦乐乎。所以听说去姑姑家，辰辰觉得比去游乐场还高兴呢！

来到姑姑家里，大人们坐在一起说话，辰辰和墨墨很快就玩到了一起。她们先是在客厅里玩了一会儿，又手拉着手去了墨墨的卧室。不想才进入卧室十分钟，就传来了两个小姑娘一声比一声更高的哭声。

妈妈和姑姑赶紧过去，一看，姐妹俩正在抢夺一个芭比娃娃呢！这个芭比娃娃是墨墨刚刚得到的一个礼物，墨墨很喜欢，自己平时都不舍得玩，只是放在盒子里看，更不舍得把娃娃给别人玩。看到这样的情形，姑姑劝说墨墨把玩具给小妹妹玩一下，墨墨哭着说："不行，会坏的。"姑姑也没办法了，毕竟芭比娃娃是墨墨的，不能强迫她。

这时，妈妈也劝说辰辰："辰辰，这是姐姐的玩具，姐姐都不舍得玩，你看看就好了，好吗？"辰辰非常任性，根本不愿意妥协，一直在哭。无奈之下，姑姑只好打电话让姑父去商场买个芭比娃娃带回家，而辰辰一直哭到姑父回来才算完。

在去别人家里做客的时候，遇到这种情况是很尴尬的。在传统观念下，父母和长辈一定会让大一岁的墨墨作为小主人让着辰辰，然而强迫孩子是不对的，所以姑姑只是劝说墨墨，之后就没有再强迫墨墨了。而辰辰显然不能控制自己的情绪，也不太讲道理，不能认识到玩具是墨墨的，哪怕自己再想玩，也要由墨墨做决定。这样一直哭泣，让大人之间原本和谐融洽的气氛也显得有些尴尬，姑姑只好让姑父再买个芭比娃娃来救场。

懂事的孩子都能知道自己作为客人不能过于任性，即使有什么需求也要控制自己。然而对于缺乏自控力的孩子而言，这一点很难做到，他们总是以自我为中心，不愿意妥协，所以很容易出现这样令人尴尬的情况。

对于这样的孩子，父母在平日里应该多给他们讲道理，教育他们要管好自己，不要任由情绪爆发。虽然孩子还小，偶尔情绪失控也属正常，但是父母的讲述和劝说一定会对他们起积极作用的，让他们做事知分寸。否则，一旦任由孩子继续这样下去，不分青红皂白就满足孩子的所有需求，那么孩子一定会越来越任性。等孩子长大了，再想帮助孩子形成自控力，管好自己的言谈举止就会更加困难。

压制不如疏导，帮助孩子排解负面情绪

亲子关系也是人际关系中的一种，亲子之间也会面临沟通难的问题。当孩子从襁褓中的婴儿渐渐成长为儿童、少年，从对父母言听计从，渐渐发展到有自己的见解，想要发出自己的声音，此时父母需要做好心理角色的转变，不要误以为孩子还是那个处处都需要依附于自己的小不点，而是要把孩子当成独立的生命个体看待，给予孩子尊重和平等的对待。

所谓沟通，并非大多数人想当然的那样，一定要热烈地交谈，或者侃侃而谈。因为对日渐长大的孩子越来越不了解，所以在亲子沟通中，父母首先要成为一个倾听者，认真聆听孩子的倾诉。有的时候孩子向父母倾诉并非为了得到具体的意见，而只是希望得到父母的理解和支持，甚至只是为了把心里的话说出来。这是很好的现象，非常有助于亲子关系的发展。现代社会很多父母都说不了解孩子，可想而知他们一定是不

善于倾听的父母。

人是情绪动物，孩子因为自控能力还不够强，所以在遇到事情的时候难免会情绪冲动，甚至积压负面情绪。治理情绪就像大禹治水一样宜疏不宜堵，所以父母哪怕再忙再烦，也要坚持听孩子倾诉完，而且要给予孩子适时的回应，激励孩子敞开心扉，而不要心烦气躁地让孩子闭嘴，因为孩子闭上的不仅仅是嘴巴，还有他的心门。

爸爸正在做饭，儿子航航突然怒气冲冲地冲进家里喊道："我再也不和瑞瑞一起玩了，我要和他绝交！"爸爸还没来得及问航航发生了什么事情，航航就跑回自己的房间里很久都没有出来。虽然很纳闷航航为何这么生气，但是爸爸却按捺住自己的好奇心，并没有追问儿子。

大概一个小时后，晚饭做好了。爸爸喊航航吃饭，这时航航的情绪依然有些激动。爸爸问航航："瑞瑞怎么了？"航航这才打开了话匣子，向爸爸讲述了整件事情。原来，瑞瑞为了讨好另外一个人，居然出卖了航航。航航得知真相后，去质问瑞瑞，瑞瑞居然连句道歉的话都没有说。所以航航才会火冒三丈，和瑞瑞吵了一架之后就跑回了家里。

爸爸一直非常耐心地听航航讲述，还看着航航的眼睛，时不时地对航航的话点头表示认可。后来，爸爸对航航说："每个人都有难言之隐，也许瑞瑞也有什么让他为难的事情。其实爸爸小时候也和你一样，也被朋友伤害过，但是我们后来和好了，直到现在依然是好朋友。我觉得你也应该珍惜自己的朋友，他们将会陪伴你一生。当然我很理解你被朋友背叛的感受，尤其是被自己信任的朋友背叛，那种感觉简直让人抓狂。"

爸爸的每句话都说到航航的心里去了。航航点点头，说："爸爸，你说得很对，我的确要冷静一下。"看得出来，在倾诉之后，航航情绪缓和多了，不再那么激动。

很多时候孩子只是需要一个倾诉的对象，如果父母不急于对孩子的事情发表看法，那么他们的确更容易得到孩子的信任，也更能够走进孩子的内心；而孩子真正需要的就是父母的理解、体谅和包容，还有父母忠诚的耳朵和内心。

真正的交流并不是交流双方都侃侃而谈，谁也不愿意信服对方，更不愿意倾听对方。有效交流要建立在倾听的基础上，至少一方要有耐心倾听另一方，沟通才能顺畅地进行下去。

很多父母都觉得孩子太过敏感，因而对孩子内心的苦闷丝毫不放在心上。其实，孩子也有自己的小世界，也有喜怒哀乐。父母如果想要了解孩子，想让孩子打开心扉，就要认真倾听孩子，然后站在孩子的角度上思考问题，从而与孩子和谐互动。当父母成为孩子最好的听众、最好的朋友，还愁孩子不听父母的建议吗？

父母减少"他控"，孩子才能学会"自控"

　　人与人的性格是不一样的，有的人性情温和，言语恳切；有的人性情暴躁，控制欲强。如果两个人之中有一个人比较随和，而另外一个人控制欲强，那么相对还容易相处。如果双方都有很强的控制欲，那么必然导致交往处于水深火热之中，根本无法顺畅地进行下去。

　　在现代社会，亲子关系几乎得到所有父母的重视。然而父母们也很困惑，因为他们之中大多数人都觉得孩子既然是自己生养的，就要听自己的话，怎么能处处和自己对着干呢？前面说过，孩子也是独立的生命个体，父母既要给予爱，也要给予平等和尊重。否则，一旦父母把孩子管得死死的，孩子或者养成逆来顺受的习惯，对父母言听计从，最终将失去独立自主性；或者产生逆反心理，时时处处与父母对着干，导致与父母关系紧张恶劣。

　　每位父母都不愿意过多地控制孩子，他们情不自禁控制孩子的初衷只是觉得孩子无法做出正确的选择和判断，也不能时时刻刻保证人生方向的正确性，才对孩子步步紧跟。这种方式恰恰是错的。父母要想帮助孩子实现独立，必须减少对孩子的控制，才能让孩子学会自控。也许最初孩子进行自我管理的时候会犯一些错误，走一些弯路，但是没关系，只要不是原则性的问题，父母只要看着孩子碰壁即可。因为如果父母始终保护着孩子，那么当孩子再次遇到这个问题的时候依然不知道如何解决。既然孩子早晚都要亲身经历一次碰壁，那么为何不让这个过程提早发生呢？这样可以帮助孩子更快地成长，父母也更省心。

从小到大悦悦从未自己做过主。她是个乖乖女，已经习惯了事无巨细都听爸爸妈妈的。如今悦悦已经是六年级的学生了，即将面临小升初考试，她的心中早就有了心仪的中学——一所普通中学，父母坚持要求她报考另外一所重点中学，悦悦不由得犹豫起来。一来她已经习惯了听从父母的话；二来她真的很喜欢那所中学，而且那里还有她关系最亲密的学姐。

整整一个星期，父母每天都在不遗余力地诉说重点中学的好处，悦悦根本听不进去。其实悦悦也知道那所重点中学很好，但是她总是情不自禁地想要和父母对着干，想要自己做一次主。

看到悦悦无动于衷的样子爸爸突然意识到了什么，提醒妈妈不要再强迫悦悦报考重点中学。爸爸对悦悦说："悦悦，其实我和妈妈只是给你提供参考意见。如果你特别想考另外一所中学，我们也会尊重你的。还有几天就要决定了，我和妈妈不再参与了，你自己决定吧！"

奇怪的是在爸爸说出这些话的那一刻，悦悦突然心中倾向于重点中学了。她不是小孩子了，也能分得出好坏，更知道选择一所好的中学对于自己人生有着重要意义。在经过一个晚上慎重的思考之后，悦悦对爸爸妈妈说："我已经决定报考重点中学了，你们可以放心了。不过我不是为了你们，我是为了自己，我也知道你们是为了我好。"看到悦悦似乎一夜之间长大了很多，爸爸妈妈都觉得非常欣慰。

如果爸爸妈妈继续强迫悦悦报考重点中学，最终悦悦不一定会听从父母的安排。也许在父母不厌其烦的唠叨中，她这个乖乖女突然叛逆心爆棚，偏偏要反其道而行之呢？幸好爸爸突然意识到悦悦的抵触情绪，也找到了问题的症结所在，因而提醒妈妈不要再干涉悦悦。最终在决定之前的关键时刻，赢得了悦悦的认可。

孩子长大了，不可能再像小时候一样凡事都顺从父母的安排，依赖父母为自己做决定了。随着孩子的成长，父母也要不停地调整自身的角色，才能以更好的方式与孩子相处，赢得孩子的尊重和信赖。

古人主张 "无为而治"，其实在家庭生活中，父母对孩子的掌控就像手握流沙，手握得越紧，沙子就越是容易悄然溜走。父母对孩子最好的爱是对孩子放手，减少对孩子的控制，让孩子更加努力成为自己人生的主宰。

帮助孩子提升控制冲动情绪的能力

人最大的敌人就是自己。战胜自己不但意味着突破自身的局限性，也意味着要成为自己的主人，打破自己的局限性。有时，控制自己的情绪甚至比突破自身的局限性难度更大。孩子正处于身心发展的关键时期，控制力还是很弱的，在这种情况下，父母的引导和帮助尤为重要。

有很多父母本身就是暴躁易怒的人，经常当着孩子的面发火，甚至歇斯底里，这样的话孩子如何能够拥有好脾气呢？当父母觉得孩子情绪不好的时候不如先反思自己，看看自己是否对孩子起到了不好的影响。曾经有调查研究显示，孩子的脾气秉性往往和父母很相似，这也是家庭环境对孩子的影响。

当然，除了言传身教之外，父母还可以努力寻求更多的办法帮助孩子控制情绪。诸如告诉孩子生气对于身体的影响，告诉孩子生气会给他人留下恶劣的印象等。当然，情绪是看不见摸不到的，只能感知。为了让孩子对情绪的印象更加具体化，父母还可以想办法让孩子记住自己生气和发怒的次数，从而间接帮助孩子控制情绪。

总而言之，父母是孩子的陪伴者，也是孩子的监护人，更是孩子的领路人。父母的一言一行都会对孩子产生重要的影响，所以父母首先要提升自身控制情绪的能力，然后才能引导和帮助孩子控制情绪。

有一个小男孩，他的脾气特别暴躁，动不动就发怒。渐渐地，他身边的朋友越来越少，他不得不每天孤独地一个人玩耍。有的时候小男孩想和其他小朋友一起玩，但是每当他走近的时候，其他小朋友就会一哄而散，根本不愿意和他一起玩。

小男孩非常伤心，询问父亲这一切是因为什么。父亲语重心长地对小男孩说："你的脾气太坏了，你要学会控制自己的脾气才会有朋友。"说完，父亲拿出一包钉子，告诉男孩："每当你想发脾气的时候就拿出一颗钉子钉到院子里的木栅栏上。"结果，只过了一天，小男孩就钉了三十几颗钉子，连他自己都为自己生气的频率感到惊讶。

为了减少在木栅栏上钉钉子，小男孩开始学着控制自己的脾气。每当要生气的时候，他就告诉自己："钉子太多了！"就这样，随着时间的流逝，男孩在木栅栏上钉的钉子越来越少，他也发现控制脾气比在木栅栏上钉钉子更容易。有一段时间，男孩几乎不会在木栅栏上钉钉子了。他高兴地告诉父亲自己不发脾气了，父亲也很欣慰，告诉他："以后，你如果能坚持一整天都不发脾气，就拔掉一颗钉子。"

男孩花费了比钉钉子多几倍的时间，终于把木栅栏上的钉子都拔掉了。等到他把钉子全部拔光时，父亲对他说："看到这些木栅栏是不是有点触目惊心？"小男孩点点头，父亲接着说："你每次发脾气后都会在别人的心中留下伤痕。哪怕别人选择原谅你，但是他们心中的伤疤永远都会存在。所以你要学会控制自己的脾气，不要伤害你的亲人、朋友，他们都是你生命中最重要的人。"小男孩用力地点点头。

常言道，"说出去的话，如同泼出去的水"，再也收不回来了。所以每个人哪怕在冲动的情况下，也不要放任自己的情绪，更不要让自己的坏脾气在别人心中留下永远难以消除的伤疤。父母也可以像事例中的爸爸一样，以这样直观形象的方式告诉孩子乱发脾气对他人造成的伤害，从而督促孩子注意维持情绪平和。

不管是父母还是孩子都要学会控制情绪，这样才能掌控自己的人生。尤其是当孩子的情绪如同脱缰的野马一样不可控制时，明智的父母一定会第一时间帮助孩子学会尊重和爱。

收放平衡，尊重孩子的天性

在培养孩子自控力时，父母要注意度的问题，千万不要"控"过头，让孩子变得过于克制，失去应有的纯真和快乐。例如，孩子在玩耍的时候，哪怕父母催促他们，他们也不舍得终止自己的游戏，而是会拖延一段时间。时间或长或短，完全依据他们的心情而定，有的时候亲子之间还会因为玩耍的问题发生冲突，最终孩子在父母的强迫下，哭哭啼啼地回家了，心中万分委屈。

其实爱玩是孩子的天性。父母应该予以理解和尊重，要适度约束孩子合理安排作息时间，但是却不要强迫孩子。对于孩子因为玩耍导致的拖延情况，父母也不要粗暴地解决问题，而要寻求合适的方法让孩子认识到，该回家吃饭睡觉了，或者该去学习了，引导他们养成张弛有度的自控意识。

　　小区里有个很大的广场，每到周末小区里的妈妈们都会带着孩子来到广场玩。孩子们到了一起，有的已经认识了，自然就会在一起玩，有的虽然不认识，但是很快就会熟悉了，玩得不亦乐乎。正因为如此，每到周末广场就成了孩子们的乐园，大多数孩子都玩得乐不思蜀，甚至到了中午吃饭的时间都不愿意回家。

　　洋洋也是这些孩子中的一员。洋洋已经五岁了，正是爱玩的时候，也因为正在上幼儿园，所以没有学习的压力。周六早晨起床吃完早饭，妈妈就带他来到了小区广场。洋洋在广场有好几个小伙伴，不过洋洋找了一圈并没有发现他们的身影，就和新认识的几个小朋友玩了起来。小朋友们都有陀螺，洋洋也缠着妈妈给他在小区的超市里买了一个。

　　快乐的时光总是过得飞快，很快就到中午了。妈妈喊洋洋回家吃饭，洋洋头也不抬地说："我还要玩！"妈妈几次催促洋洋，洋洋都没有做出回应，最终妈妈不得不走上前去，拎起他的胳膊拽着他回家了。洋洋哇哇地大哭起来，一路上都不理妈妈。

　　吃了午饭，午休之后，洋洋又央求妈妈想出去玩。妈妈对洋洋说："既然如此，咱们要先约法三章。出去玩可以，但是妈妈喊你回家，你必须跟着妈妈回家。"洋洋眼珠子滴溜滴溜地转，说："但是不能让我马上回家，你要提前告诉我。"妈妈问："提前十分钟告诉你，等到提前五分钟的时候再提醒你一次可以吗？"洋洋点点头，妈妈心里还在犯嘀咕：这个办法真的好用吗？

　　下午妈妈又带洋洋去广场玩，试验了这个方法，果然洋洋在妈妈一次预告和一次提醒之后，原本还想玩，但是妈妈告诉他："洋洋，记得你说过的话吗？说话要算数哦，不然妈妈下次就不会相信你了！"洋洋想了想还是选择和妈妈回家了。就这样，既解决了回家难的问题，也可以给予洋洋充足的时间和小朋友们玩。

哪个孩子不是在玩耍中长大的呢？几十年前，孩子们总是在旷野中追跑打闹，还会下河捞鱼，上树捉鸟。可惜现在城市里的孩子被禁锢在钢筋水泥的森林中，不但远离了泥土，也远离了伙伴。如果条件许可，父母其实应该创造条件，给予孩子充足的时间和小伙伴们相处，哭笑打闹，这样的童年才更真实，更充满人情味儿，也能够给孩子带来美好的回忆。

当然，对于玩兴正浓的孩子而言，不但回家是个难题，有的孩子还会耽误写作业等重要的事情。即便如此，父母也不要一味地批评和否定孩子的天性，而是要寻找合适的办法，协调好孩子生活与学习中的方方面面，做到收放平衡。记住，每个人都是从无忧无虑的孩童时代走过来的，父母理解和包容孩子其实也就是在延续自己的美好童年。

不要赢了拖延，输了孩子

《儿童拖延心理学》是一本写给父母，尤其是年轻父母的指南。大多数父母都不是心理学家，认识拖延症，是为了了解孩子；学习心理学，是为了让父母们理解孩子的感受。家庭不是职场，更不是战场，养育孩子也不是一件争输赢的事，打败拖延症并不是我们真正的目的。我们的终极目标是要让孩子健康、快乐地成长。父母在想方设法对付拖延症的同时，一定要把孩子的感受放在第一位。

如果父母能够站在孩子的角度，揣摩他们在拖延时和拖延后的感受，就不难听到他们未曾说出口的心声：

"这道题太难了，我花了很长时间都没做出来。"

"我害怕水，不想去洗澡。"

"我一点儿也不饿，不想吃饭。"

"我想看动画片，不想写作业。"

"我要按照自己的意愿做事，不要再听大人的话了。"

"我总想着下次一定要加快速度，可是每次都重蹈覆辙。"

"反正怎么做都不能让爸爸妈妈满意，干脆不做好了。"

仔细想想，父母们就不难理解，对孩子来说最快乐的生活就是可以依着自己的天性，吃喝玩乐，无拘无束。成人的心中又何尝没有这种奢望呢？只可惜人类活动具有社会性。人是社会的产物。孩子要长大，要成为大千世界的一员，就必须要接受规则的指导和约束，去做自己不喜欢却又不得不做的事，不可以随便放弃、随便拒绝。这就是成长的伤痛，是每一个孩子都要经历的人生体验。

如今，现实社会的残酷难免让很多父母走入教育的误区，即以成功而非幸福为教育的目的。这样一来所导致的必然结果就是忽略孩子的感受，极端的父母甚至会把成绩当作评价孩子的唯一标准，整天把"别人家的孩子"挂在嘴边，肆无忌惮地把自己的意志、情绪强加在孩子身上。将心比心，早已成为社会人的父母都很清楚，生活如人饮水，冷暖自知，成功不一定幸福。真正的幸福来自我们的内心，来自对世界的热爱、对自我的认可和对他人的同情心。

不管是拖延症也好，还是孩子成长中遇到的其他心理问题也好，父母们都不要急着寻求解决办法，知道为什么远比懂得怎么办更重要。达到一个显而易见的结果只是形式上的，如果为了这个结果使孩子变得自卑、压抑，失去原本的纯真和快乐，那就得不偿失。父母们在采取措施之前一定要先了解孩子的小脑袋瓜里究竟在想什么，他们渴望得到自己什么样的反应。要知道，每一个"拖拉斯基"的背后都藏着一颗想要被接受、被认可的脆弱心灵。

正处在焦虑之中的父母们一定要切记，千万不要赢了拖延症，输了孩子。